"十四五"国家重点出版物出版规划项目

国家出版基金项目
NATIONAL PUBLICATION FOUNDATION

碳中和多能融合发展丛书

刘中民　主编

煤气化灰渣热处理资源化利用

吕清刚　任强强　李　伟/著

科学出版社
龙門書局
北　京

内 容 简 介

本书针对循环流化床气化炉及气流床气化炉两种主要气化技术产生的气化灰渣，研发面向不同需求的技术：分别开发超低挥发分、超细粒径气化飞灰循环流化床燃烧技术与流化熔融气化技术，实现循环流化床气化飞灰燃料、原料和材料等多元化利用；针对高水、高灰和低热值的气流床气化灰渣，提出流化熔融燃烧技术，通过气化灰渣有机组分碳热改性-燃烧脱除和无机组分矿相重构，实现资源化利用。

本书是基于气化灰渣处置需求而开发的系列创新技术，可为我国煤化工行业固废处置乃至近零排放提供重要技术方案参考，也可为科技研发人员、政府管理人员、环境政策研究人员及企业技术人员了解我国含碳固废处置及资源化利用技术发展提供参考。

图书在版编目(CIP)数据

煤气化灰渣热处理资源化利用 / 吕清刚, 任强强, 李伟著. -- 北京：龙门书局, 2024. 6. --（碳中和多能融合发展丛书 / 刘中民主编）. -- ISBN 978-7-5088-6443-3

Ⅰ. TQ536.4

中国国家版本馆 CIP 数据核字第 2024K5N580 号

责任编辑：吴凡洁 罗 娟 / 责任校对：王萌萌
责任印制：师艳茹 / 封面设计：有道文化

科 学 出 版 社
龙 门 书 局 出版
北京东黄城根北街 16 号
邮政编码：100717
http://www.sciencep.com

涿州市殷润文化传播有限公司印刷
科学出版社发行 各地新华书店经销
*
2024 年 6 月第 一 版 开本：787×1092 1/16
2024 年 6 月第一次印刷 印张：12 1/2
字数：292 000
定价：168.00 元
（如有印装质量问题，我社负责调换）

2020 年 9 月 22 日，习近平主席在第七十五届联合国大会一般性辩论上发表重要讲话，提出"中国将提高国家自主贡献力度，采取更加有力的政策和措施，二氧化碳排放力争于 2030 年前达到峰值，努力争取 2060 年前实现碳中和"。"双碳"目标既是中国秉持人类命运共同体理念的体现，也符合全球可持续发展的时代潮流，更是我国推动高质量发展、建设美丽中国的内在需求，事关国家发展的全局和长远。

要实现"双碳"目标，能源无疑是主战场。党的二十大报告提出，立足我国能源资源禀赋，坚持先立后破，有计划分步骤实施碳达峰行动。我国现有的煤炭、石油、天然气、可再生能源及核能五大能源类型，在发展过程中形成了相对完善且独立的能源分系统，但系统间的不协调问题也逐渐显现，难以跨系统优化耦合，导致整体效率并不高。此外，新型能源体系的构建是传统化石能源与新型清洁能源此消彼长、互补融合的过程，是一项动态的复杂系统工程，而多能融合关键核心技术的突破是解决上述问题的必然路径。因此，在"双碳"目标愿景下，实现我国能源的融合发展意义重大。

中国科学院作为国家战略科技力量主力军，深入贯彻落实党中央、国务院关于碳达峰碳中和的重大决策部署，强化顶层设计，充分发挥多学科建制化优势，启动了"中国科学院科技支撑碳达峰碳中和战略行动计划"（以下简称行动计划）。行动计划以解决关键核心科技问题为抓手，在化石能源和可再生能源关键技术、先进核能系统、全球气候变化、污染防控与综合治理等方面取得了一批原创性重大成果。同时，中国科学院前瞻性地布局实施"变革性洁净能源关键技术与示范"战略性先导科技专项（以下简称专项），部署了合成气下游及耦合转化利用、甲醇下游及耦合转化利用、高效清洁燃烧、可再生能源多能互补示范、大规模高效储能、核能非电综合利用、可再生能源制氢/甲醇，以及我国能源战略研究等八个方面研究内容。专项提出的"化石能源清洁高效开发利用"、"可再生能源规模应用"、"低碳与零碳工业流程再造"、"低碳化、智能化多能融合"四主线"多能融合"科技路径，为实现"双碳"目标和推动能源革命提供科学、可行的技术路径。

"碳中和多能融合发展"丛书面向国家重大需求，响应中国科学院"双碳"战略行动计划号召，集中体现了国内，尤其是中国科学院在"双碳"背景下在能源领域取得的关键性技术和成果，主要涵盖化石能源、可再生能源、大规模储能、能源战略研究等方向。丛书不但充分展示了各领域的最新成果，而且整理和分析了各成果的国内国际发展情况、产业化情况、未来发展趋势等，具有很高的学习和参考价值。希望这套丛书可以为能源领域相关的学者、从业者提供指导和帮助，进一步推动我国"双碳"目标的实现。

中国科学院院士

2024 年 5 月

序

我国是世界上最大的能源消费国，煤炭作为我国最基础的能源和工业生产原料，是可实现清洁高效利用的最经济、最安全的矿产资源。"富煤、贫油、少气"的能源资源禀赋决定了我国能源结构以煤炭为主，煤炭依然是国家能源安全的压舱石，煤炭作为主体能源在未来一段时期内不会改变，在国家能源供应中发挥着重要的基础和兜底保障作用。

煤化工是推动煤炭清洁高效低碳能源化的重要途径，对助推我国能源体系绿色化、低碳化转型具有重要意义。煤气化是现代煤化工的龙头技术，随着煤气化产能不断扩增，气化灰渣年排放量已超过 5000 万 t，目前仍以堆存填埋为主，造成了严重的土壤和大气污染，急需发展气化灰渣的规模化、低碳化利用理论与技术。

当前，研究人员正在寻找方法将气化灰渣资源化、高值化利用，如用来生产建筑材料、水泥、陶瓷和玻璃等。这种资源化利用不仅减少了灰渣的排放，还减少了对自然资源的依赖。此外，一些研究致力于开发有效的化学浸出技术，以从气化灰渣中提取有价值的元素，如铝、铁、钙等，以供后续利用。尽管研究和应用方面取得了一些进展，但气化灰渣仍然面临一些问题。其一是气化灰渣的处理和处置成本仍然相对高昂，这使得规模化利用变得具有挑战性。其二是气化灰渣可能对土壤和地下水产生负面影响，增加了环境风险。这需要更严格的监管和控制措施。其三是提取有价值元素、固化和资源化利用气化灰渣仍然面临一些技术难题，需要更多的研究和创新。

中国科学院工程热物理研究所长期致力于煤化工固废的大规模处置和资源化利用，依托流态化技术，开发了多种固废处理技术，并实现了工业应用。该书作者对煤气化灰渣热处理技术的研究成果进行总结和凝练，全面论述气化灰渣在燃烧、气化、熔融等不同热处理过程中的工艺原理、碳组分转化、污染物排放以及无机组分迁移转化路径，具有较高的学术水平和重要的实用价值，对于煤基固废的大规模处置和资源化利用具有重要的指导意义。

中国工程院院士

2023 年 9 月

"双碳"目标下推进煤炭清洁高效利用是国家重大战略需求，煤化工可实现煤炭从燃料向原料转变，是清洁能源和石油化工的重要补充，是推动煤炭清洁高效低碳能源化的重要途径，对助推我国能源体系绿色化、低碳化转型具有重要意义。煤气化是现代煤化工的龙头技术，随着煤气化产能不断扩增，煤气化灰渣产量逐年增大。据统计，气化灰渣年排放量已超过5000万t，目前仍以堆存填埋为主，资源化利用率低，带来了严重的土壤和大气污染。气化灰渣的规模化、低碳化利用理论与技术已经成为煤化工发展的主要关注点。

本书的撰写源自煤气化灰渣热处理技术在实验室的研究突破及其在工程领域的潜在应用价值。近年来，随着生态文明建设和"美丽中国"建设的推进，煤气化灰渣的利用技术与装备已成为能源产业和环境保护领域的关键课题。中国科学院工程热物理研究所已经取得了一系列令人振奋的成果，包括新型热处理方法、灰渣中有价值成分的回收技术以及热处理过程中的能源效益优化等方面的创新。这些研究成果为解决煤气化灰渣处理难题、减少环境污染、提高资源利用效率提供了新的可能性。

因此，撰写本书的动机在于将这些重要的研究成果系统地整理、总结和传播给工程领域的从业者、研究生与研究人员。本书着眼流化床气化和气流床气化这两种主流煤气化技术产生的煤气化灰渣，系统阐述各热处理技术的原理、工艺、设备以及发展现状。希望能够通过本书为工程实践提供宝贵的参考和指导，推动煤气化灰渣热处理技术在实际应用中迈出更大的步伐，促进能源产业的可持续发展。本书旨在成为该领域的权威参考，为研究人员提供深入了解和掌握煤气化灰渣热处理技术的工具，并提供解决实际问题的创新方法和方案。

本书由吕清刚、任强强研究员组织撰写，各章分工为：郭帅博士撰写的第1章——煤气化灰渣来源及处理现状，使读者更加深入地了解煤气化灰渣；齐晓宾博士撰写的第2章——流化床气化飞灰活化特性，阐述水蒸气活化的机理与实现结果，并进行理论分析；周丽博士撰写的第3章——流化床气化飞灰燃烧技术，介绍强化预热循环流化床燃烧技术，并深入分析气化飞灰的燃烧特性和污染物排放特性的影响；方能博士撰写的第4章——流化床气化飞灰熔融特性，考察气化飞灰的高温灰熔融机理、矿物元素迁移和转化特性以及各因素对熔融特性的影响规律；梁晨博士撰写的第5章——流化床气化飞灰流化熔融气化技术，提出流化熔融气化方法，将煤气化飞灰作为原料，制备一氧化碳；李伟博士撰写的第6章——气流床气化细渣流化熔融燃烧资源化利用技术，着重归纳气化细渣熔融资源化利用技术的小试研究成果。统稿由任强强、李伟、吕清刚完成。

　　本书承哈尔滨工业大学秦裕琨院士指导并作序，秦院士对书稿进行了认真、细致的审阅，并提出了很多宝贵的意见和建议，在此深表谢意。

　　本书在撰写过程中参考和引用了众多文献，特别感谢文献的研究团队，他们的工作为本书提供了坚实的理论基础和有益的信息。

　　由于作者水平有限，书中难免有疏漏之处，敬请各位读者不吝赐教，对书中的不妥之处或者可以改进的地方提出批评和建议。

作　者

2024 年 1 月

目录

第 1 章

煤气化灰渣来源及处理现状

我国能源禀赋是"富煤、贫油、少气"。根据《中国统计年鉴》，2020 年煤炭消费量占能源消费总量的 56.8%，天然气、水电、核电、风电等清洁能源消费量仅占 24.3%。当前，我国的能源需求仍呈增长趋势，尽管煤炭在能源消费总量中的占比不断下降，但考虑到可再生能源短期内难以大规模替代传统化石能源，煤炭仍将是我国能源供应的"压舱石"和"稳定器"。2021 年 12 月召开的中央经济工作会议明确指出：传统能源逐步退出要建立在新能源安全可靠的替代基础上。要立足以煤为主的基本国情，抓好煤炭清洁高效利用……能源和原料用能不纳入能源消费总量控制。

在燃煤发电超低排放升级改造方面我国已取得了显著进展，加速了煤炭作为燃料的清洁化转变。煤炭作为原料不仅可以固碳，还能够提供丰富的油品和化工品，有力拓展了煤炭的消费利用空间。煤炭气化是推进煤炭消费升级、加快煤炭向清洁燃料和优质原料转变的核心技术手段。气化制备合成气是煤基化学品、煤基液态燃料、整体煤气化联合循环(integrated gasification combined cycle，IGCC)机组发电、多联产、制氢和燃料电池等过程工业的基础。

1.1 煤气化技术简介

根据气化反应器的不同，煤气化技术主要分为移动床、流化床和气流床三大类。与移动床气化炉相比，流化床和气流床气化炉具有单台炉子处理量大、煤气中不含焦油等优点，目前国内新上气化项目大多数为流化床和气流床。本节将以流化床和气流床为主进行介绍。

1.1.1 流化床气化技术

当气体以一定速度通过颗粒床层并使颗粒悬浮、保持连续运行状态时，便出现了颗粒床层的流化。流化床气化就是利用流态化技术原理，使煤颗粒在气化介质中处于沸腾状态发生气化反应。流化床气化炉主要包括温克勒(Winkler)气化炉、恩德炉、循环流化床(circulating fluidized bed，CFB)气化炉、KBR 输送床气化炉、灰熔聚气化炉(U-Gas、KRW、ICC)等。其中，国内工业化的流化床气化技术均是循环流化床反应器，如循环流化床气化炉、恩德炉和灰熔聚气化炉等。

恩德炉气化技术(图 1.1)基于流态化基本原理开发，炉内煤/半焦与气流快速混合，呈现沸腾的状态，在底部形成密相区，床内传质和传热迅速，反应后大颗粒渣从底部排灰管排出，细颗粒渣经旋风分离器分离后再次返回炉膛反应。目前，恩德炉已在国内成功推广五十多台，形成了 10000～60000m³/h 不同容量等级的产品，具有技术成熟度高、投资低、建设周期短、煤种适用范围广、操作简单等优点，但也存在一些不足，如气化飞灰碳含量偏高、单台炉产气量偏低等。

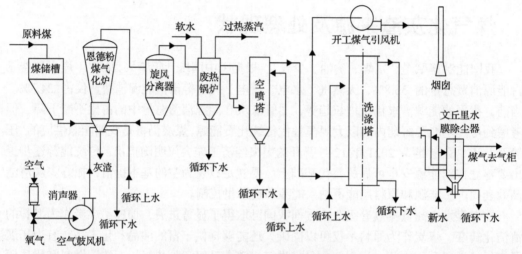

图 1.1　恩德流化床气化工艺流程

灰熔聚气化技术(图 1.2)由中国科学院山西煤炭化学研究所研发，区别于传统的流化

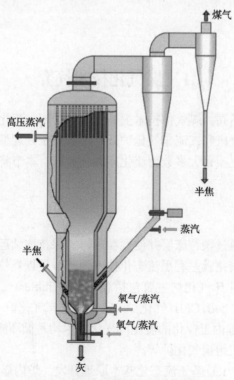

图 1.2　ICC 灰熔聚气化炉示意图

床气化技术,该技术核心是中心射流,中心射流形成局部高温区,提高了气化强度,同时使得煤灰软化熔聚成球,熔聚长大并最终形成大颗粒灰渣,借助重量的差异实现灰渣与半焦的分离,从而提高碳转化率和能源利用效率。另外,旋风分离器分离逃逸的二次飞灰经再次分离后,由细粉进料管密相输送至气化炉的密相区,与中心射流管通入的高浓度氧气发生反应,进一步提高碳的转化率。目前,灰熔聚气化技术已完成中试研究及工业示范,具有负荷调变范围宽、氧耗及蒸汽消耗低、产品气不含焦油、制气成本低等优势。但灰熔聚气化技术也存在一些不足,如工业化运行的气化炉运行压力较低、单台产气量相对较低。多段分级转化流化床加压气化技术完成了中试试验,尚需长周期工程运行验证。

循环流化床气化技术(图1.3)由中国科学院工程热物理研究所研发,区别于其他流化床气化技术,技术核心是高倍率高碳循环。气化剂从炉膛底部特制的风帽给入,与入炉原料煤充分混合及流化,发生快速热解、气化及燃烧反应,气化温度为 900~1050℃。高浓度含碳细颗粒半焦随煤气进入高效旋风分离器,绝大部分颗粒半焦被分离下来,通过自平衡返料器返回至气化炉底部密相区,进一步参与气化和燃烧反应,整个过程循环倍率高达上百,从而实现碳转化率的提高。底渣从气化炉底部排灰管排出。目前,该技术已实现推广 71 台气化炉的工程业绩,完成了 5000~100000m³/h 系列不同容量等级的气化炉开发。在常压气化制工业燃气技术基础上,开发了常压富氧气化制合成气技术以及加压循环流化床气化技术。首套加压循环流化床煤气化制合成气装置(0.3MPa)于 2019年在甘肃金昌化学工业集团有限公司交付使用。首套以新疆高碱煤为原料制合成气的循环流化床气化炉于 2020 年在新疆宜化化工有限公司成功投运。1.1MPa 加压循环流化床煤气化装置于 2021 年在盘锦浩业化工有限公司完成建设,具备了调试运行条件。循环流化床气化技术在循环流化床锅炉技术的基础上实现了重大变革和创新,与固定床、气流床气化技术形成优势互补,对我国煤炭高效清洁利用起到了支撑作用。已有的工程运行

图 1.3　循环流化床气化炉示意图

结果表明，循环流化床气化技术煤种适应范围广、投资少、制气成本低、环保性能好、连续运转率高，在化工、建材、有色金属冶炼等行业的工业燃气制备及中小型化肥厂的原料气制备等领域实现成功应用，为企业淘汰落后产能、提升经济社会效益提供了解决方案。循环流化床气化技术较传统的流化床气化技术在气化强度方面有一定提升，但与加压气流床气化技术相比，仍存在单台炉子煤处理量偏小、碳转化率及冷煤气效率偏低的问题。

1.1.2 气流床气化技术

气流床气化技术因具有气化指标高、气化强度大和单炉处理能力强等优点，广泛应用于大型煤化工领域。目前，国内气流床气化炉市场占有率达 80% 以上，处于主导地位。气流床气化技术含有多种类别，根据入炉原煤形态不同，可以分为水煤浆气化和粉煤气化两个大类；根据喷嘴数量不同和位置设置的不同，又可以分为多喷嘴和单喷嘴两大类；根据气化炉内衬材料的差异，又可分为耐火砖衬里型和水冷壁衬里型；根据后续工艺要求，气化合成气的冷却流程又可分为激冷流程和废热锅炉流程。主流的气流床气化技术主要有多喷嘴对置式(OMB)气化炉、航天炉(HT-L)、晋华炉、德士古(GE)气化炉、GSP、壳牌(Shell)炉、东方炉(SE)、TPRI 两段炉等。

德士古气化炉(图 1.4)由德士古(Texaco)公司开发，典型特点是顶置单喷嘴、水煤浆进料、使用复合耐火材料等。水煤浆经过烧嘴与氧气从顶部射入炉膛，在高速氧气流的作用下实现雾化，雾化后的煤颗粒在高温壁面辐射作用下发生快速预热、热解及气化，反应生成的熔渣和煤气一同向下运动，经过激冷或废锅后分别进入渣池和下游。炉膛正常运行温度约为 1350℃，操作压力为 3.0~6.5MPa。目前，作为第一款以水煤浆为原料实现商业运行的气化炉，德士古气化炉在国内商业推广较好，具有处理量大、技术较为成熟、热量利用率相对较高等优点，但也存在复合耐火砖侵蚀严重、烧嘴寿命偏短、灰水处理系统庞大等问题。

多喷嘴对置式气化炉(图 1.5)由华东理工大学基于对置撞击射流强化混合的原理开发。典型特点是水煤浆进料、多喷嘴对置、水冷壁设计。水煤浆通过同一平面的四个预膜式喷嘴与氧气一起喷入炉内，形成强烈的撞击流，在完成水煤浆雾化的同时，强化炉内反应的传质传热[1]。炉膛正常运行压力 4.0~6.5MPa，操作温度 1350~1500℃，最大处理量高达 4000t/d。目前，多喷嘴对置式气化炉在国内推广较为成功，并成功将技术推广至国外，具有处理量大、技术成熟、运行可靠和成本相对较低等优点，但也存在喷嘴侵蚀、有效气含量偏低等问题。

晋华炉(图 1.6)由清华大学、山西阳煤丰喜肥业和山西阳煤化工机械有限公司联合研发，将燃烧领域的凝渣保护技术和自然循环膜式壁技术引进气化领域。典型特点是水煤浆、水冷膜式壁、辐射式蒸汽发生器和顶置单喷嘴。核心部件辐射式蒸汽发生器借鉴液态排渣旋风锅炉的进口和结构设计理念，能有效避免国外同类技术存在的堵渣和积灰问题；改进结构设计能减少双面受热面的布置比例，设备体积和投资减少；通过回收高温合成气热量、副产高温高压蒸汽等方式，可提高能源转换效率。炉膛运行温度最高可达1700℃，操作压力最高达到 6.5MPa。目前，晋华炉已由 1.0 版本发展到 4.0 版本，技术更新迭代快，产品生命力强，市场前景广阔。

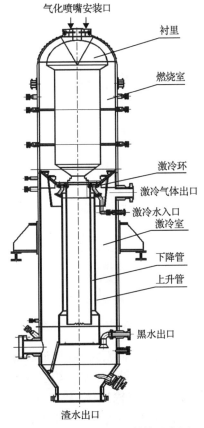

图 1.4　德士古气化炉结构示意图

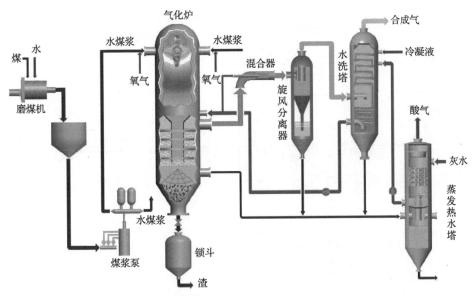

图 1.5　多喷嘴对置式水煤浆气化工艺流程

图 1.6　晋华炉结构示意图

壳牌炉由壳牌公司开发，最显著的特点是炉膛靠近底部设置四个切圆布置的喷嘴，在炉膛内部形成强烈向上的旋流场。区别于德士古炉水煤浆进料，壳牌炉是干粉进料，粒径要求研磨至100μm以下，由高压氮气输送(图1.7)。炉膛正常运行压力为3.5~4.0MPa，操作温度 1300~1500℃。炉内高温促使煤灰熔融成液态，在旋流作用下"甩"至水冷壁面，形成一层液态熔渣膜，沿壁面向下流动，有效保护壁面免受高温和熔渣侵蚀，起到

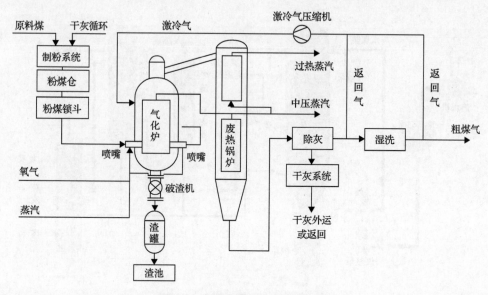

图 1.7　壳牌干煤粉气化工艺流程

以渣抗渣的作用，煤灰最终以液态形式从渣口排出。目前，壳牌炉在国内市场占有率较高，技术较为成熟，处理量大，碳转化率高，有效气含量高，但也存在投资大、干粉输送不稳定的问题。

航天炉(图 1.8)由航天长征化学工程股份有限公司开发，典型特点是粉煤进料、单喷嘴顶置、盘管式水冷壁。粉煤、氧气和蒸汽按一定比例通过喷嘴进入气化炉，在气化炉中进行气化反应，生成的含有高温熔渣的粗合成气，一部分高温熔渣挂在复合水冷壁上，形成稳定的抵抗高温的渣层，其余熔渣和粗合成气进入激冷室。粗合成气在激冷室中被激冷水激冷降温，熔渣迅速固化，通过分离装置实现合成气、液态水、固渣的分离。航天炉已形成 750t、1000t、1500t、2000t、3000t 等级等五种型号气化炉，工艺结构包含全激冷、半废热锅炉+水激冷流程，以及全废热锅炉流程等。目前，国内共有 144 台航天炉正在或即将投入运行，市场占有率高。航天炉具有技术成熟度高、运行稳定等优点，但也存在盘管易损坏、热效率低等缺点。

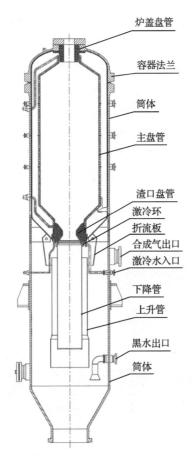

图 1.8　航天炉干煤粉气化工艺流程

综上所述，无论是何种气化炉型，煤气化过程实质皆是将难以加工处理、难以脱除无用组分的固体，转化为易于净化、易于应用的气体的过程；简而言之，是将煤中的固定碳和挥发分等可燃组分转化为合成气或燃料气,同时实现可燃气体与煤灰分离的过程。煤灰分离必然产生一定量的气化灰渣。固定床气化灰渣因碳含量较低,可以直接作为建材原料等消纳,在此不作为讨论的对象。气流床和流化床处理量大,气化灰渣产量大,灰渣中含有一定量的碳,无法直接作为建材原料,同时灰渣中碳石墨化程度高,挥发分低,反应性差,资源化利用困难。目前,处理方式以临时堆存为主,不仅占用大量土地,同时易发生自燃和粉尘问题,造成严重的大气污染。因此,气化灰渣资源化利用成为限制煤炭大规模气化的关键技术难题。

1.2 煤气化灰渣来源

1.2.1 流化床气化灰渣

截至 2021 年底,循环流化床气化炉、恩德炉和灰熔聚气化炉工程推广数量分别为 71 台、50 台和 11 台左右。本节以主流的循环流化床气化工艺为例(图 1.9)介绍流化床气化灰渣的来源。流化床气化灰渣主要包括底渣和气化飞灰。其中,底渣占灰渣总量的大约 30%,来源于炉膛底部,由于密相区底部排渣口附近接近燃烧气氛,底渣碳含量较低,一般低于 3.0%,可以直接作为建材原料使用,在本节中不作为讨论点。气化飞灰占灰渣总量的大约 70%,来源于炉膛下游的二级旋风分离器和布袋除尘器,其中,二级旋风分离器的作用是对粗煤气中的颗粒进行预脱除,布袋除尘器则对粗煤气中的颗粒进行完全捕集。气化飞灰碳含量较高,普遍高于 50%;同时不含挥发分,碳石墨化程度较高,粒径小,燃烧利用困难。

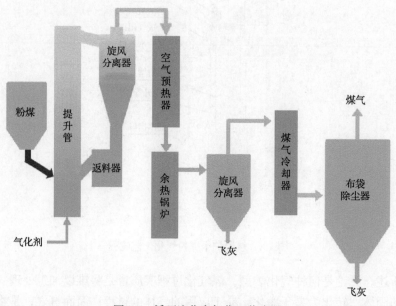

图 1.9　循环流化床气化工艺流程

1.2.2　气流床气化灰渣

气流床气化炉在运行过程中会产生大量的气化灰渣，目前针对气化灰渣堆存量尚没有权威数据统计。根据《中国统计年鉴》，2011～2020 年煤化工行业累计耗煤量约为 27 亿 t，按照气化灰渣产量为耗煤量的 10%～20%计算，2011～2020 年累计产生 2.7 亿～5.4 亿 t 气化灰渣。按照气化灰渣 20%资源化利用比例计算，目前气化灰渣已累计堆放 2.2 亿～4.3 亿 t。其中，2020 年煤化工行业用煤量达到 3 亿 t，气化灰渣产量高达 3500 万 t，且呈逐年迅速增长的趋势。气化灰渣具有存量大和快速增长的特点。目前，气化灰渣处理方式仍然以堆存为主，极易发生自燃和粉尘飞扬，造成严重的大气污染和水污染，尚没有大规模资源化处置方案。因此，气化灰渣被认为是煤基固废的典型代表，是煤化工领域的技术短板之一。

气化灰渣分为粗渣和细渣两种(图 1.10)。其中，粗渣是熔渣从滴水崖流下后激冷分离得到的，占气化灰渣总量的 60%～80%。气化粗渣具有碳含量低、玻璃化程度高等特点，可以用作建材。气化细渣是气流床粗煤气在洗涤净化过程中产生的黑水，经沉淀得到的固体废弃物，占气化灰渣总量的 20%～40%。气化细渣具有高碳、高含水的特点，限制了其资源化利用。

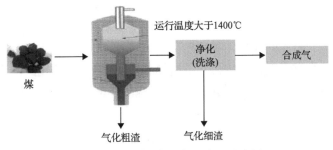

图 1.10　气流床气化灰渣产生示意图

1.3　流化床气化飞灰处理技术

流化床气化飞灰处理主要包括飞灰再气化和飞灰燃烧。其中，飞灰再气化技术主要包括循环再气化技术、流化床与气流床耦合高温再气化技术等；飞灰燃烧主要包括流化床燃烧技术和预热煤粉炉燃烧技术。

1.3.1　循环再气化技术

在工业规模的流化床气化炉中，多采用布置一级或多级旋风分离器的方法，将部分气化飞灰从粗煤气中分离后，经料腿返送至炉膛密相区，实现进一步转化。景旭亮等[2]在快速反应固定床装置上模拟了气化飞灰多循环气化过程，发现多循环过程中冷淬效应的存在使得气化飞灰的 BET 比表面积呈山形趋势变化，石墨化结构与碳转化率的变化趋势一致，是决定碳转化率变化的决定性因素。美国芝加哥气体研究所提出将煤气化细粉灰直接返回射流高温区进行再转化的方法，并申请了专利。但由于细粉灰容易在料腿出口处烧结，深入到高温区内的料腿部分需要特殊制作，该方法难以实现。美国西屋（Westinghouse）公司[3]通过对气化炉密相区进行轴向和径向注射煤气化细粉灰，考察了细粉灰在流化床内的停留时间，但受当时测量水平的限制，未能得到细粉灰在高温射流区的停留时间分布规律。Cao 等[4]提出利用灰熔聚流化床气化炉在中心射流区具有高温高氧含量的特点，通过优化设计细粉灰密相输送进料方式，增加射流高温区处理量，来提高碳转化率。目前，循环再气化技术尚处于中试研究阶段，并未真正在工程项目中应用。

1.3.2 流化床与气流床耦合高温再气化技术

煤气化细粉灰碳含量较高的根本原因在于流化床气化炉内操作温度较低，导致气化反应速率受限。与流化床气化相比，气流床气化在更高的温度下进行，可以获得更高的碳转化率。有学者提出将流化床和气流床气化技术相结合，低阶煤在流化床气化炉内部气化，未完全转化的煤气化细粉灰在气流床气化炉内高温下进一步转化。根据这一思路，中国科学院山西煤炭化学研究所在灰熔聚流化床技术的基础上，综合流化床和气流床气化技术的优点，开发了一种新型复合式气化炉[5]，如图 1.11 所示。该气化炉下半部分为一个灰熔聚流化床，密相区上端耦合一个气流床反应器。大部分反应活性较高的煤在流化床中温部分气化，带出的气化飞灰被旋风分离器收集。由于活性较低，气化飞灰再次进入流化床区域内很难实现完全转化，所捕集的气化飞灰与氧气送入气流床，在气流床区域高温下进一步转化。气流床气化产生的高温煤气和灰渣携带热量进入流化床密相区，

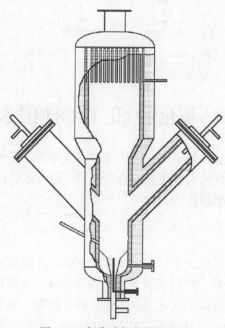

图 1.11　复合式气化炉示意图

所携带的显热促进了流化床气化反应的进行，同时高温煤气得到了冷却；气流床部分产生的灰渣进入流化床密相区后以固态形式从底部排出。这个过程实现了热量的最大化利用，可以提高整个系统的碳转化率，实现高温下的固态排渣。经过中国科学院山西煤炭化学研究所试验证实，复合式气化炉气流床部分可以实现气化飞灰高效转化，但对流化床和气流床的衔接部位以及气流床内的耐火材料要求较高，目前尚无工程应用项目。

1.3.3　流化床燃烧技术

流化床燃烧技术具有燃料适应范围广、燃烧效率高、炉内脱硫效率高、NO_x 排放量低、燃烧强度高、负荷调节范围大和灰渣易综合利用等优点。对超低挥发分和反应活性较差的气化飞灰来说，流化床燃烧技术是实现高效转化的可行方案之一。熊源泉等[6]在 1MW 增压流化床燃烧中试装置上，研究了煤气化细粉灰的加压燃烧特性，通过调节合适参数燃烧效率可达到 99%以上，飞灰碳含量在 2%以下。为了验证煤部分气化及半焦燃烧工艺的可行性，浙江大学刘耀鑫等[7-9]建立了依托 1MW 煤热电气多联产试验装置进行了空气部分气化及半焦燃烧试验，发现煤气热值较低，为 3～5MJ/m³，气化炉内碳转化率为 40%～70%，系统总转化率在 90%左右。中国科学院工程热物理研究所孙付成[10]和 Ren 等[11]依托 5t/d 循环流化床燃烧中试平台，考察了结构和运行参数对气化飞灰燃烧效率及 NO_x、SO_2 排放量的影响规律。结果表明，气化飞灰均可在循环流化床锅炉内持续稳定燃烧，燃烧效率在 98%以上；二次风合理布置、更高料腿有助于提高气化飞灰的燃烧效率；提高旋风分离器的分离效率，亦可提高气化飞灰的燃烧效率。在中试研究的基础上，研究所建设了 40t/d 气化飞灰循环流化床燃烧-高温蒸汽发生系统工业试验装置，结果表明煤气化飞灰燃烧效率可达 99%以上。

1.3.4　预热煤粉炉燃烧技术

针对难燃燃料利用问题，中国科学院工程热物理研究所吕清刚等提出了一种基于循环流化床的预热燃烧工艺。燃料在较低的过量空气系数下燃烧而实现自身预热，预热后的燃料与高温气体送入下行燃烧室中快速燃尽。周祖旭[12]依托 30kW 循环流化床预热燃烧试验台研究了气化飞灰预热燃烧和 NO_x 排放特性。结果表明，气化飞灰可以通过部分燃烧将自身预热到 900℃，在下行燃烧室中实现稳定燃烧，燃烧效率为 95.3%；燃料预热和分级配风相结合可以有效降低气化飞灰燃烧 NO_x 排放量；燃料 N 向 NO 的转化率为 7.92%，NO 最终排放量为 102mg/m³。朱建国等[13]依托 0.2MW 预热燃烧试验台开展了低挥发分难燃气化飞灰的预热燃烧试验研究。气化飞灰可以在循环流化床内稳定预热，并在下行燃烧室中高效燃烧，最高燃烧效率达到 98.6%，同时实现了较低的 NO_x 排放量，最低值小于 100mg/m³。

除上述技术之外，中国科学院工程热物理研究所正在积极开展气化飞灰活化制备活性炭技术、流化熔融气化技术等研发工作，部分技术研发已处于工业示范阶段。

1.4 气流床气化灰渣处理技术

气化灰渣主要由碳和无机组分组成。目前，国内外的研究主要针对碳和无机组分的利用开展。其中，针对残炭的利用技术主要包括浮选分离技术和燃烧脱碳技术；针对无机组分的利用技术包括土壤改良技术和材料制备技术。

1.4.1 浮选分离技术

浮选分离技术利用气化灰渣中炭粒与飞灰的颗粒表面物理化学特性差异，通过加入捕收剂和起泡剂等将炭粒从飞灰中分选出来。浮选技术较早应用于粉煤灰和煤矸石脱碳，近年来将其应用于气化灰渣脱碳的研究逐渐增加。中国矿业大学、西安科技大学、榆林学院等单位[14-16]针对气化灰渣浮选分离技术脱碳开展了试验研究，研究了气化灰渣粒度和孔隙形态、捕收剂种类和成分、起泡剂种类、反应特性对浮选性能的影响，并考察了机械搅拌式、浮选柱式、旋流-微泡式等不同类型浮选机对气化灰渣的浮选脱碳效果。以上研究验证了浮选分离技术应用于气化灰渣脱碳的可行性。与此同时，贵州赤天化集团有限公司等单位进行了气化灰渣的浮选脱碳工业试验，并申请了专利，但由于药剂消耗较大、经济效益不佳停止了工业生产。因此，浮选分离技术脱碳无法实现气化灰渣的大规模资源化处置。

1.4.2 燃烧脱碳技术

众多高校和企业都开展了气化灰渣燃烧脱碳技术的机理研究、小试试验和工程运行探索。中煤科工集团等针对气化灰渣的锅炉掺烧脱碳利用进行了探究[17]，但是由于气化灰渣具有反应活性差、含水量高、粒径细的特点，掺烧比例较低，而且导致锅炉运行不稳定，脱碳后的灰渣碳含量较高，无法直接利用。清华大学开发了"快床-湍床组合式构件循环流化床反应器"，用于气化灰渣的燃烧脱碳，并开展了 1MW 的中试验证，但后续没有进行工程示范。西安交通大学开展了气化灰渣燃烧特性的研究，并提出了气化灰渣的恒温预热-脱碳工艺。目前，常规燃烧利用技术无法实现气化灰渣的稳定燃烧脱碳，而且燃烧过程只是针对气化灰渣中的碳组分进行燃烧利用，燃烧后无机组分形成粉煤灰，同样属于固废，导致气化灰渣的燃烧碳利用过程中综合利用率较低。

1.4.3 土壤改良技术

由于气化细渣具有孔隙结构发达、硅铝含量较高、微量元素丰富等特点，可以用作土壤调节剂及元素补充肥料等。利用气化细渣孔隙发达的特点，可以负载有机菌肥，持续生产活性腐殖酸，提高土壤肥力、保水能力和透气性。利用气化细渣硅铝含量丰富的特点，可将其作为补充硅的肥料，提高水稻的生长；利用气化细渣微量元素丰富的特点，可将其作为种植砂等有效促进植物生长。倘若气化细渣作为固废用于土壤改良，可以有效消纳产量巨大的气化细渣，处理固废的同时实现低成本增产增收的附加经济效益。但目前相关研究还处于实验室研究阶段，并未在农业生产中大规模应用。

1.4.4　材料制备技术

国内外针对气化灰渣中无机组分材料制备技术的研究主要集中于两个方面。①建工建材制备：骨料、胶凝材料、墙体材料、免烧砖等；②高附加值材料制备：催化剂载体、橡塑填料、陶瓷材料、硅基材料等。中国科学院过程工程研究所李会泉团队[18]以煤气化渣酸浸液为原料制备出氧化铝质量分数为 10%～11%、盐基度为 44%～50%的聚合氯化铝净水剂。西安建筑科技大学汤云等[19,20]以多种气化灰渣为研究对象，分别在 1350～1500℃进行碳热还原氮化，均可合成出 Ca-α-Sialon 粉体。以德士古气化炉煤气化渣为原料，可在 1500℃碳热还原氮化合成 Ca-α-Sialon-SiC 复相粉体，并以此为原料热压制备出 Ca-α-Sialon-SiC 复相陶瓷。目前，气化细渣无机组分在陶瓷材料制备、铝/硅基产品制备等方面引起广泛关注，但均处于实验室研究阶段，主要存在成本高、流程复杂、杂质难调控、下游市场小等问题，无法实现规模化利用。

2021 年 3 月国家发展改革委联合九部门印发的《关于"十四五"大宗固体废弃物综合利用的指导意见》提出：到 2025 年，煤矸石、粉煤灰、尾矿（共伴生矿）、冶炼渣、工业副产石膏、建筑垃圾、农作物秸秆等大宗固废的综合利用能力显著提升，利用规模不断扩大，新增大宗固废综合利用率达到 60%，存量大宗固废有序减少。目前，气化灰渣利用率尚不足 20%。因此，需要对气化灰渣资源化利用开展技术攻关。

1.5　小　结

煤气化是推进煤炭消费升级、加快煤炭向清洁燃料和优质原料转变的核心技术。煤气化过程中必然产生一定比例的气化灰渣，气化灰渣处置成为限制煤气化技术大规模利用的关键问题之一。流化床气化灰渣主要是指气化飞灰，来源于尾部二级旋风分离器及布袋除尘器，气化飞灰中碳含量高，颗粒粒径小，挥发分低，碳石墨化程度高。燃烧利用需要突破挥发分低、飞灰逃逸、着火温度高等困难，以气化飞灰再气化和燃烧利用为主。气流床气化灰渣主要是指气化细渣，来源于出口粗煤气洗涤和沉淀，气化细渣收到基水含量高、挥发分低、碳含量低且石墨化程度高，燃烧利用需要突破高水、低挥发分、高灰、燃烧特性差及熔渣包裹的问题；另外，气化细渣中灰分已实现熔融玻璃化，灰中硅铝含量较高，具有材料化高值利用的潜质，以残炭和无机组分利用为主。目前，气化飞灰和灰渣利用不足，为满足新增大宗固废综合利用率达到 60%的要求，需要对气化细渣资源化利用开展技术攻关。

参 考 文 献

[1] 于遵宏，王辅臣. 煤炭气化技术[M]. 北京：化学工业出版社，2010.

[2] 景旭亮，王志青，余钟亮，等. 半焦的多循环气化活性及微观结构分析[J]. 燃料化学学报，2013，41（8）：917-921.

[3] Patel J G, Sandstrom W A, Tarman P B. Process for the production of fuel gas from coal: US, US04315758A[P]. 1982.

[4] Cao J, Cheng Z, Fang Y T, et al. Simulation and experimental studies on fluidization properties in a pressurized jetting fluidized

bed[J]. Powder Technology, 2008, 183(1): 127-132.

[5] Wu J H, Fang Y T, Hui P, et al. A new integrated approach of coal gasification: The concept and preliminary experimental results[J]. Fuel Processing Technology, 2004, 86(3): 261-266.

[6] 熊源泉, 郑守忠, 金保升, 等. 煤气化半焦增压流化床燃烧特性中试试验研究[J]. 热能动力工程, 2007, (2): 154-157, 225.

[7] 刘耀鑫, 李润东, 杨天华, 等. 流化床常压空气部分气化和半焦燃烧的试验研究[J]. 中国电机工程学报, 2008, (11): 11-17.

[8] Liu Y X, Yang L B, Fang M X, et al. Development of coal partial gasification and combustion system[C]//ASME Proceedings: Coal, Biomass, and Alternative Fuels, Vienna, 2004.

[9] 刘耀鑫. 循环流化床热电气多联产试验及理论研究[D]. 杭州: 浙江大学, 2005.

[10] 孙付成. 煤气化细粉灰的循环流化床燃烧试验研究[D]. 北京: 中国科学院工程热物理研究所, 2015.

[11] Ren Q Q, Bao S L. Combustion characteristics of ultrafine gasified semi-char in circulating fluidized bed[J]. The Canadian Journal of Chemical Engineering, 2016, 94(9): 1676-1682.

[12] 周祖旭. 细粉碳燃料在循环流化床的流动特性研究[D]. 北京: 中国科学院工程热物理研究所, 2015.

[13] 朱建国, 贺坤, 欧阳子区, 等. 0.2MW 细粉半焦预热燃烧试验研究[J]. 电站系统工程, 2015, 31(5): 9-12.

[14] 赵世永, 吴阳, 李博. Texaco 气化炉灰渣理化特性与脱碳研究[J]. 煤炭工程, 2016, 48(9): 29-32.

[15] 葛晓东. 煤气化细渣表面性质分析及浮选提质研究[J]. 中国煤炭, 2019, 45(1): 107-112.

[16] 史兆臣, 戴高峰, 王学斌, 等. 煤气化细渣的资源化综合利用技术研究进展[J]. 华电技术, 2020, 42(7): 63-73.

[17] 刘冬. 多孔质气化灰渣超细分级试验研究[J]. 选煤技术, 2021, (5): 38-42.

[18] 李会泉, 胡应燕, 李少鹏, 等. 煤基固废循环利用技术与产品链构建[J]. 资源科学, 2021, 43(3): 456-464.

[19] 汤云, 何杰, 张雪萍, 等. Ca-Si-Al-O 玻璃合成 Ca-α-SiAlON: Eu 荧光粉及其发光性能研究[J]. 人工晶体学报, 2017, 46(8): 1564-1568.

[20] 尹洪峰, 汤云, 任耘, 等. 气化炉渣合成 Ca-α-Sialon–SiC 复相陶瓷[J]. 硅酸盐学报, 2011, 39(2): 233-238.

第 2 章
流化床气化飞灰活化特性

受较低反应温度(一般低于1100℃)限制，煤炭在流化床气化过程中的碳转化率相对较低，大量未转化的碳以气化飞灰的形式从气化炉排出，降低了煤炭的利用率。流化床气化飞灰(简称气化飞灰)中碳含量相对较高，普遍介于 30%～70%[1]。通过循环流化床焚烧技术，可以实现气化飞灰的有效处置[2,3]，用于生产蒸汽或者发电。经过焚烧后，产生的灰渣满足水泥和混凝土原料对烧失率的要求(见 GB/T 1596—2017《用于水泥和混凝土中的粉煤灰》，小于10%)，可直接作为建筑材料使用[4-7]。尽管如此，较低的反应活性仍限制了其燃烧效率。为进一步实现其高效燃烧利用，需要对其进行活化处理。另外，流化床气化飞灰普遍具有较发达的孔隙结构，在直接作为活性炭或者通过进一步活化后作为活性炭使用时表现出极大的物性优势。在当前日趋严格的环保要求和活性炭原料日趋紧张的现状下，利用该类飞灰制备活性炭具有较好的发展前景。本章将从流化床气化飞灰活化特性的角度，结合其物性特征、小试和理论分析结果，评估该类飞灰作为活性炭或者用于制备活性炭的可行性，并进一步分析讨论气化飞灰流化床活化技术的可行性和调控方向。

2.1　气化飞灰物性特征

流化床气化技术的原料适应性广，煤种涵盖褐煤至无烟煤，不同煤种产生的气化飞灰的物性以及制备活性炭的潜能存在差异。为全面考察气化飞灰用于制备活性炭的物性优势及其原料适用范围，本节重点从取样信息、化学组成、颗粒形貌、孔隙结构和残炭结构等方面，系统考察气化飞灰的物性特征。

2.1.1　取样信息

本书选用中试和工业规模流化床气化炉的气化飞灰作为研究对象。为便于后续分析讨论，本书以气化炉或气化用煤所在城市对气化飞灰进行命名。表 2.1 列出了这些气化飞灰所对应原煤的物性、气化炉的炉型和规模、气化条件以及取样位置等信息。

呼伦贝尔气化飞灰取自呼伦贝尔东能化工有限公司的恩德炉，该气化炉以呼伦贝尔当地褐煤为原料，用于制取合成气。其他气化飞灰取自由中国科学院工程热物理研究所自行(或合作)设计的工业规模的循环流化床气化炉，分别以褐煤、烟煤和无烟煤为原料，生产清洁工业燃气和合成气，用于陶瓷和氧化铝焙烧以及合成氨；准东气化飞灰和晋城气化飞灰1～4取自中试规模气化炉，其中晋城气化飞灰3和4来自同一煤种。

表 2.1　气化飞灰的气化用煤物性、气化炉炉型及规模、气化条件和取样位置一览表

灰样	气化用煤物性					气化炉炉型及规模	气化条件	取样位置
	M_{ar}/%	A_{ar}/%	V_{ar}/%	FC_{ar}/%	分类			
准东气化飞灰	14.80	5.54	33.80	45.86	褐煤	循环流化床，中试规模	空气，气化温度约980℃	二级旋风分离器
呼伦贝尔气化飞灰	26.88	12.14	24.87	36.11	褐煤	恩德炉，工业规模	纯氧水蒸气，气化温度约960℃	一级旋风分离器
高安气化飞灰	14.00	8.36	29.44	48.20	褐煤	循环流化床，工业规模	富氧水蒸气，气化温度约960℃	布袋除尘器
宁夏气化飞灰	4.74	24.71	26.85	43.70	褐煤	循环流化床，工业规模	空气，气化温度约930℃	布袋除尘器
宿迁气化飞灰	5.22	17.61	27.78	49.39	褐煤	循环流化床，工业规模	空气水蒸气，气化温度约950℃	二级旋风分离器
聊城气化飞灰	12.48	11.23	29.06	47.23	褐煤	循环流化床，工业规模	空气水蒸气，气化温度约950℃	布袋除尘器
茌平气化飞灰	9.64	13.02	27.17	52.17	烟煤	循环流化床，工业规模	空气，气化温度约920℃	布袋除尘器
宜化气化飞灰	8.84	4.76	26.50	59.90	烟煤	循环流化床，工业规模	富氧水蒸气，气化温度约936℃	布袋除尘器
宏盛气化飞灰	5.40	30.13	5.74	58.73	无烟煤	循环流化床，工业规模	富氧水蒸气，气化温度约1050℃	布袋除尘器
晋城气化飞灰1	3.80	14.17	6.58	75.45	无烟煤	循环流化床，中试规模	富氧水蒸气，气化温度约1050℃	布袋除尘器
晋城气化飞灰2	5.11	16.10	5.90	72.89	无烟煤	循环流化床，中试规模	富氧水蒸气，气化温度约1050℃	一级旋风分离器
晋城气化飞灰3	6.90	14.51	4.39	74.17	无烟煤	循环流化床，中试规模	富氧水蒸气，气化温度约1080℃	一级旋风分离器
晋城气化飞灰4	6.90	14.51	4.39	74.17	无烟煤	循环流化床，中试规模	富氧水蒸气，气化温度约1050℃	一级旋风分离器

注：①M、A、V和FC分别表示水分、固定碳、挥发分和灰分；②下标 ar 表示收到基。

2.1.2　化学组成

表 2.2 为气化飞灰的工业分析和元素分析结果。因气化用煤物性和气化条件差异，不同气化飞灰之间存在物性差异。由于流化床气化技术普遍采用干法除尘工艺，气化飞灰中水分含量极低，几乎可以忽略不计；但是，准东气化飞灰采用积灰斗取灰方式，煤气中蒸汽低温冷凝，导致所取灰样中水分含量相对较高，达到 7.86%。此外，气化飞灰还表现出高碳和超低挥发分等特征。如表 2.2 所示，飞灰的碳含量基本在 37.86% 以上，甚至高达 81.88%（如茌平气化飞灰）。结合表 2.1 结果，绝大部分气化飞灰中固定碳含量均达到甚至超过气化用煤。气化飞灰中挥发分含量不超过 9.76%，部分样品甚至达到近零水平，如宏盛气化飞灰。

表 2.2 气化飞灰工业分析和元素分析结果（质量分数）

样品	工业分析(ad)/%				元素分析(ad)/%				
	M	FC	V	A	C	H	O	N	S
准东气化飞灰	7.86	59.07	9.76	22.21	66.40	1.78	0.34	0.61	0.80
呼伦贝尔气化飞灰	3.24	37.89	4.33	54.54	37.86	0.63	3.38	0.23	0.12
高安气化飞灰	0.58	72.24	2.10	23.68	73.72	0.47	0.25	0.50	0.80
宁夏气化飞灰	4.22	28.62	2.35	67.83	29.61	1.12	1.00	1.20	2.98
宿迁气化飞灰	1.06	38.61	1.67	61.66	39.08	1.20	1.00	1.26	2.62
聊城气化飞灰	3.30	49.43	2.51	44.76	51.13	0.33	0.00	0.35	1.00
茌平气化飞灰	0.73	81.62	2.16	15.30	81.88	0.81	0.16	0.60	0.52
宜化气化飞灰	0.78	73.15	3.67	21.46	75.5	0.54	0.38	0.24	1.10
宏盛气化飞灰	0.41	54.92	0.90	43.77	54.12	0.20	0.36	0.34	0.80
晋城气化飞灰 1	2.92	55.36	3.06	39.96	53.26	0.99	1.77	0.60	0.50
晋城气化飞灰 2	1.47	74.07	1.76	22.7	69.17	0.39	4.90	0.74	0.63
晋城气化飞灰 3	0.87	73.61	1.75	23.77	72.88	0.36	0.67	0.80	0.65
晋城气化飞灰 4	1.58	74.26	1.98	22.18	70.87	0.38	3.51	0.85	0.63

注：ad 表示空干基；氧含量采用差减法求得。

2.1.3 颗粒形貌

在流化床气化过程中，煤颗粒在炉内不断返混和循环，其间发生物理磨损和气化反应。只有当颗粒磨损和消耗至一定粒径后，才能摆脱旋风分离器捕集，逃逸至气化炉尾部。因此，气化飞灰普遍具有超细粒径特征。表 2.3 列出了气化飞灰颗粒特征粒径 d_{10}、d_{50} 和 d_{90}。由表可知，工业气化炉产生的气化飞灰粒径绝大部分集中在 76.5μm 以下，中位粒径 d_{50} 集中于 15.8～36.2μm，d_{10} 则低至 3.3μm；相比之下，中试气化炉产生的气化飞灰粒径整体偏粗，这主要与中试气化炉旋风分离器分离效率较低有关。根据表 2.1 结果，相对于其他工况，中试对应工况的气化剂量和蒸汽量均较低，导致旋风分离器入口和出口风速较低，不足以捕集更细的气化飞灰颗粒。此外，中试气化过程中气化飞灰的取样位置和取样方式也会影响飞灰样品的代表性，导致样品颗粒偏粗。

超细特征使流化床气化飞灰在物性上更接近难以流化的 C 类颗粒，这一定程度上增加了气化飞灰的后续处置难度。针对此问题，有学者提出先对气化飞灰进行成型造粒，然后再用于锅炉燃烧的处置途径[8]；中国科学院工程热物理研究所则系统研究了面向超细颗粒的稳定流化、高效分离和连续返料技术，并将气化飞灰成功用于循环流化床燃烧[9,10]。

图 2.1 为气化飞灰的 SEM 照片。根据这些照片，可确定气化飞灰颗粒具有以下特征：颗粒形状不规则，表面粗糙不平，具有明显孔隙结构且孔径大小不一。相比原煤和热解煤焦（颗粒表面较为平整光滑且无明显孔隙结构[11]），气化飞灰颗粒复杂多孔的微观形貌与流化床气化过程密切相关。从反应条件讲，流化床气化温度和反应气氛相对温和，类似于制备活性炭的物理活化过程[12]。其实，早在 20 世纪 80 年代，便开始了流化床活化

表 2.3　气化飞灰颗粒特征粒径

样品	颗粒特征粒径/μm		
	d_{10}	d_{50}	d_{90}
准东气化飞灰	19.0	44.0	83.4
呼伦贝尔气化飞灰	13.4	33.8	76.5
高安气化飞灰	11.6	26.1	51.0
宁夏气化飞灰	11.5	66.0	142.1
宿迁气化飞灰	11.2	42.0	72.0
聊城气化飞灰	4.3	20.8	56.0
茌平气化飞灰	3.8	15.8	41.2
宜化气化飞灰	4.8	18.7	55.0
宏盛气化飞灰	11.8	36.2	74.2
晋城气化飞灰 1	3.3	16.3	50.0
晋城气化飞灰 2	44.0	97.8	195.7
晋城气化飞灰 3	50.3	104.6	210.5
晋城气化飞灰 4	38.3	83.5	189.3

注：d_{10}、d_{50} 和 d_{90} 分别表示累积粒分布数达到 10%、50% 和 90% 所对应的粒径。

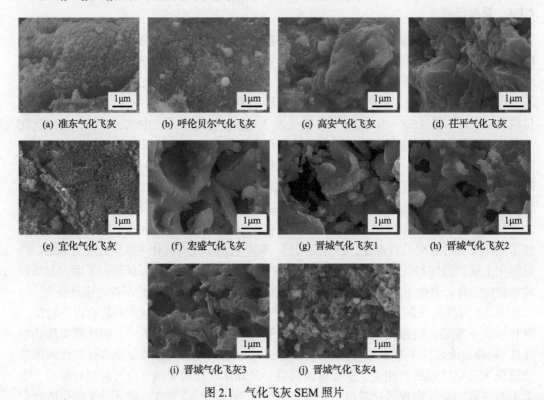

(a) 准东气化飞灰　　(b) 呼伦贝尔气化飞灰　　(c) 高安气化飞灰　　(d) 茌平气化飞灰

(e) 宜化气化飞灰　　(f) 宏盛气化飞灰　　(g) 晋城气化飞灰1　　(h) 晋城气化飞灰2

(i) 晋城气化飞灰3　　(j) 晋城气化飞灰4

图 2.1　气化飞灰 SEM 照片

制备活性炭的相关研究和工程应用[13]。显然，在煤气化过程中，气化飞灰经历了类似的活化过程，这是气化飞灰具有明显孔隙结构的主要原因，也为气化飞灰的多孔炭材料化利用提供了可能。

2.1.4　孔隙结构

图 2.2 为气化飞灰的氮气吸附-脱附等温线。随着相对压力增大，吸附等温线可分为

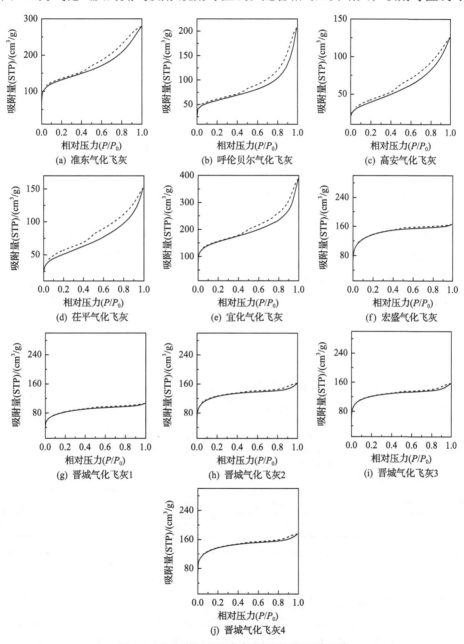

图 2.2　流化床气化飞灰氮气吸附-脱附等温线

实线表示吸附过程，虚线表示脱附过程；STP 表示标况(standard temperature and pressure)

低压(0~0.1)、中压(0.3~0.8)和高压(0.9~1.0)三段。根据等温线在不同压力区间的变化趋势，可推测颗粒的孔隙结构特征。由图可知，在低压段，氮气吸附量均快速增加，说明气化飞灰与吸附质之间存在较强的相互作用，证明气化飞灰中存在大量孔；在中压段，准东气化飞灰、呼伦贝尔气化飞灰、高安气化飞灰、茌平气化飞灰和宜化气化飞灰对应的吸附量继续增加，而宏盛气化飞灰和晋城气化飞灰1~4的等温线则出现近似平台期，说明前者内部存在大量介孔，而后者内部存在大量微孔；在高压段，等温线均上扬，说明气化飞灰中存在因颗粒堆积而形成的大孔。

根据上述等温线特征，依据国际纯粹与应用化学联合会(International Union of Pure and Applied Chemistry，IUPAC)规定的等温线分类标准[14]，可将十种气化飞灰等温线进一步划分为两类：准东气化飞灰、呼伦贝尔气化飞灰、高安气化飞灰、茌平气化飞灰和宜化气化飞灰的等温线表现为IV型，属于中孔毛细凝聚型；宏盛气化飞灰和晋城气化飞灰1~4的等温线表现为I型，属于微孔型。十种气化飞灰的孔隙结构特征似乎与原煤煤阶密切相关。研究表明，煤阶越高，孔隙结构越倾向于向微孔发展[15]。

此外，在中压区域，等温线上均出现不同程度的回滞环。根据IUPAC标准，可确定这些回滞环属于H4型，表明颗粒内部孔主要以狭缝形式存在，此类孔结构属于典型的活性炭孔型[16]。

采用FHH(Frenkel-Halsey-Hill)模型[17]，可计算出气化飞灰孔隙结构在相对低压区和相对高压区对应的分形维数 D_1 和 D_2，相关结果见表2.4。根据以往经验[18-20]，D_1 反映固体颗粒的表面粗糙度，该值越高，颗粒表面越粗糙，颗粒比表面积也越大；D_2 反映颗粒内部孔结构的复杂度，该值越大，颗粒孔结构越复杂。根据计算结果，可确定气化飞灰表面粗糙度由粗糙至光滑分别为宜化气化飞灰、宏盛气化飞灰、晋城气化飞灰4、准东气化飞灰、晋城气化飞灰2、晋城气化飞灰3、晋城气化飞灰1、呼伦贝尔气化飞灰、茌平气化飞灰和高安气化飞灰，而孔结构复杂度由复杂至简单分别为宏盛气化飞灰、晋城气化飞灰1、晋城气化飞灰4、晋城气化飞灰2、晋城气化飞灰3、准东气化飞灰、宜化气化飞灰、茌平气化飞灰、高安气化飞灰和呼伦贝尔气化飞灰。

表2.4　气化飞灰颗粒孔隙结构分形维数拟合结果

气化飞灰	准东气化飞灰	呼伦贝尔气化飞灰	高安气化飞灰	茌平气化飞灰	宜化气化飞灰	宏盛气化飞灰	晋城气化飞灰1	晋城气化飞灰2	晋城气化飞灰3	晋城气化飞灰4
分形维数 D_1	2.709	2.653	2.591	2.606	2.731	2.727	2.657	2.686	2.679	2.716
分形维数 D_2	2.818	2.711	2.751	2.783	2.816	2.982	2.969	2.953	2.943	2.956

表2.5为根据吸附等温线计算得到的气化飞灰比表面积、比孔容积和孔径等孔隙结构特征参数。由表可得，气化飞灰比表面积(S_{BET})介于139.3~552.0m²/g，比孔容积(V_{tot})介于0.1648~0.6715cm³/g，平均孔径(d_{ave})介于2.255~6.499nm。结合原煤煤阶属性，可以确定煤阶对气化飞灰孔隙结构的影响：对于低阶褐煤和烟煤，孔隙结构以介孔为主，对应的 S_{ext} 占比50.2%~90.7%，V_{ext} 占比75.2%~96.9%；对于高价无烟煤，孔隙结构以微孔为主，对应的 S_{mic} 占比72.9%~80.5%，V_{mic} 占比57.5%~67.0%。

表 2.5 气化飞灰颗粒孔隙结构特征参数

样品	比表面积(S)/(m²/g)			比孔容积(V)/(cm³/g)			平均孔径
	S_{BET}	S_{mic}	S_{ext}	V_{tot}	V_{mic}	V_{ext}	(d_{ave})/nm
准东气化飞灰	438.9	218.5 [49.8]	220.4 [50.2]	0.4311	0.1067 [24.8]	0.3244 [75.2]	3.928
呼伦贝尔气化飞灰	196.8	68.5 [34.8]	128.3 [65.2]	0.3197	0.0343 [10.7]	0.2854 [89.3]	6.499
高安气化飞灰	139.3	13.0 [9.3]	126.3 [90.7]	0.1946	0.0060 [3.1]	0.1886 [96.9]	5.588
茌平气化飞灰	178.3	34.4 [19.3]	143.9 [80.7]	0.2342	0.0160 [6.8]	0.2182 [93.2]	5.254
宜化气化飞灰	552.0	272.1 [49.3]	279.9 [50.7]	0.6715	0.1318 [19.6]	0.5397 [80.4]	4.866
宏盛气化飞灰	450.3	344.8 [76.6]	105.5 [23.4]	0.2564	0.1661 [64.8]	0.0903 [35.2]	2.278
晋城气化飞灰 1	277.4	202.3 [72.9]	75.1 [27.1]	0.1648	0.0947 [57.5]	0.0701 [42.5]	2.376
晋城气化飞灰 2	418.0	336.5 [80.5]	81.5 [19.5]	0.2356	0.1579 [67.0]	0.0777 [33.0]	2.255
晋城气化飞灰 3	397.9	320.1 [80.4]	77.8 [19.6]	0.2428	0.1525 [62.8]	0.0903 [37.2]	2.441
晋城气化飞灰 4	442.4	349.3 [79.0]	93.1 [21.0]	0.2713	0.1706 [62.9]	0.1007 [37.1]	2.453

注：下标 BET、mic 和 ext 分别表示全孔、微孔和外孔（非微孔）；S_{mic}、S_{ext}、V_{mic} 和 V_{ext} 所在列表的中括号内数值表示相应比表面积和比孔容积对应的百分数，%。

通过对比发现，准东气化飞灰、宜化气化飞灰和宏盛气化飞灰的孔隙结构相比其他气化飞灰更为发达，该结果可能与这三种气化飞灰对应原煤的高碱属性有关。研究表明，原料中碱金属和碱土金属盐在高温下对自身碳结构表现出优良的催化或化学活化效果[21]。在活化剂和碱金属共同作用下，流化床气化过程对高碱煤将表现出物理-化学活化效果。目前，已报道的关于该类气化飞灰的比表面积可达 686m²/g[22]。

整体而言，流化床气化飞灰具有发达的孔隙结构，其发达程度远高于其他同类飞灰，如气流床气化细渣（S_{BET} 为 82.5～178.7m²/g[23-25]）。研究表明，当固体 S_{BET} 高于 70m²/g 时，便可通过物理碾磨方法制备活性炭，用于吸附[26-28]。按此标准，本节所列气化飞灰均已具备作为此用途的基本条件。吸附测试结果进一步表明，宜化气化飞灰的碘值高达 769mg/g，亚甲蓝值高达 108mg/g，该吸附指标已达到甚至超过部分商用活性炭。即使对于孔隙结构相对欠发达的高安气化飞灰，其吸附性能也处于较高水平，碘值达到 322mg/g，亚甲蓝值达到 48mg/g。

2.1.5 残炭结构

图 2.3 为气化飞灰 X 射线衍射（X-ray diffraction，XRD）图谱分析结果。根据图谱结果，可以确定气化飞灰中主要矿物晶相为石英（SiO_2）。此外，根据飞灰种类差异，气化飞灰中还可能含有莫来石（主要为 $3Al_2O_3·2SiO_2$）和石灰（主要为 CaO）等矿物组分。

根据图谱中 20°～50°扫描角度所对应的"馒头状"宽衍射峰（分别对应无定形碳的（002）和（100）峰面），可以推断气化飞灰中残炭结构信息。对于煤质样品，无定形碳对应的宽峰位置发生偏移的概率极大，所以不同气化飞灰对应的宽峰位置并非完全一致。一般而言，宽衍射峰趋势越明显，样品中无定形碳结构越无序，石墨化程度也越低[29]。

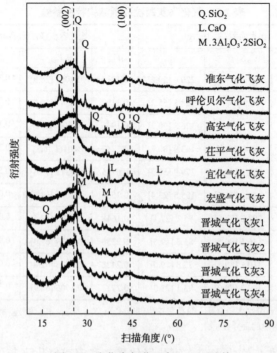

图 2.3　流化床气化飞灰 XRD 图谱

根据此原则，可以认为十种气化飞灰样品中均存在大量无定形碳，这一定程度上反映气化飞灰具有较高的反应活性。

根据拉曼（Raman）光谱，可以进一步获得气化飞灰中碳结构的详细信息。图 2.4 给出了一种气化飞灰（高安气化飞灰）的 Raman 光谱和分峰拟合结果。对炭质材料而言，其 Raman 光谱在 800~2000cm^{-1} 位移区域存在两个主峰。这两个主峰通常由五个不同碳结构峰叠加而成，分别为 1200cm^{-1}、1350cm^{-1}、1500cm^{-1}、1580cm^{-1} 和 1620cm^{-1} 位移对应的 M_4、M_1、M_3、G 和 M_2 峰[30]。其中，G 峰对应理想石墨晶格的振动模式；M_1 峰对应

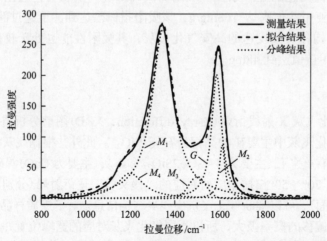

图 2.4　流化床气化飞灰 Raman 光谱及分峰拟合结果（以高安气化飞灰为例）

无序石墨晶格的振动模式，表征石墨烯层边缘；M_2 峰通常伴随 M_1 峰出现，也对应着无序石墨晶格的振动模式，表征石墨烯层；M_3 峰对应无定形碳的 sp^2 键，包括有机分子和官能团碎片；M_4 峰对应微晶外围的 sp^2-sp^2 混合键或 C—C 和 C≡C 拉伸振动形成的多烯类结构。通常认为，M_3 和 M_4 峰对应着由碳结构缺陷引起的反应位点，即反应活性位。

在图 2.4 中，M_3 峰采用高斯(Gauss)拟合方法确定，其他四个峰采用洛伦兹(Lorentz)拟合方法确定。在此基础上，可获得五个拟合峰面积(I)，根据不同拟合峰面积之间的比值，可进一步获得气化飞灰内部碳结构组成信息[31]。通常，$I_{M_3}/I_{G+M_2+M_3}$ 用来表征无定形碳结构的相对含量，该值越高，说明无定形碳结构越丰富；$I_{M_3+M_4}/I_{All}$ 用来表征样品中活性位点的数量，该值越高，说明残炭结构中活性位点越多。

表 2.6 给出了基于 Raman 光谱拟合结果得到的 $I_{M_3}/I_{G+M_2+M_3}$ 和 $I_{M_3+M_4}/I_{All}$。对于所列气化飞灰，$I_{M_3}/I_{G+M_2+M_3}$ 由高到低排序依次为茌平气化飞灰、准东气化飞灰、宜化气化飞灰、呼伦贝尔气化飞灰、高安气化飞灰、宏盛气化飞灰、晋城气化飞灰 3、晋城气化飞灰 1、晋城气化飞灰 2 和晋城气化飞灰 4；$I_{M_3+M_4}/I_{All}$ 由高到低排序依次为茌平气化飞灰、准东气化飞灰、宜化气化飞灰、呼伦贝尔气化飞灰、高安气化飞灰、晋城气化飞灰 3、晋城气化飞灰 2、晋城气化飞灰 4、宏盛气化飞灰和晋城气化飞灰 1。根据此排序，低阶煤对应的气化飞灰含有更丰富的无定形碳结构和活性位点，表明该类气化飞灰具有更高的反应活性。

表 2.6　流化床气化飞灰 Raman 光谱的分峰拟合面积相对关系

气化飞灰	准东气化飞灰	呼伦贝尔气化飞灰	高安气化飞灰	茌平气化飞灰	宜化气化飞灰	宏盛气化飞灰	晋城气化飞灰 1	晋城气化飞灰 2	晋城气化飞灰 3	晋城气化飞灰 4
$I_{M_3}/I_{G+M_2+M_3}$	0.221	0.149	0.137	0.255	0.161	0.123	0.106	0.099	0.108	0.094
$I_{M_3+M_4}/I_{All}$	0.168	0.151	0.137	0.181	0.152	0.124	0.116	0.134	0.136	0.127

2.2　活化机理研究

流化床气化飞灰孔隙结构发达，含有大量无定形碳结构和活性位点，已表现出直接用作活性炭，或者进一步活化后用作活性炭的潜力。对于孔隙结构相对欠发达的气化飞灰，通过活化提升孔隙结构将是实现其高质化利用的有效途径。由于原料物性及气化条件差异，不同气化飞灰的活化特性及制备活性炭潜能并不相同。为进一步明确流化床气化飞灰制备活性炭的可行性，本节选用三种典型气化飞灰(高安气化飞灰、宜化气化飞灰和晋城气化飞灰 1，相关物性见 2.1 节)作为研究对象，基于立式管式炉试验系统，系统研究它们在水蒸气活化过程中所表现出的活化特性、活化潜能和孔结构演变规律，以及活化分区和量化。

2.2.1　活化特性

图 2.5 为气化飞灰在水蒸气活化过程中尾气组分体积浓度随活化时间的变化趋势(以

晋城气化飞灰 1 为例)。在气化飞灰活化过程中，H_2 和 CO 是主要产物，CO_2 和 CH_4 为次要产物。根据尾气组成，可确定在活化过程中发生了如下反应，其中反应(2-1)为主导反应。

$$C + H_2O \longrightarrow CO + H_2 \tag{2-1}$$

$$CO + H_2O \longrightarrow CO_2 + H_2 \tag{2-2}$$

$$C + 2H_2 \longrightarrow CH_4 \tag{2-3}$$

$$CO + 3H_2 \longrightarrow CH_4 + H_2O \tag{2-4}$$

$$C + CO_2 \longrightarrow 2CO \tag{2-5}$$

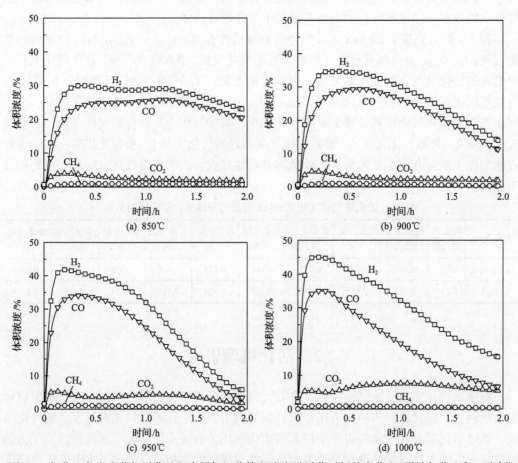

图 2.5　气化飞灰在水蒸气活化过程中尾气组分体积浓度随活化时间的变化(以晋城气化飞灰 1 为例)

　　气化飞灰的活化反应主要指碳与蒸汽的表面反应，即固体碳向 CO、CO_2、CH_4 等气体碳的转变。若忽略气化飞灰中非碳元素(如氮和氢)的影响，根据尾气组成和氮平衡，可计算活化反应速率和蒸汽分解率，相关结果见图 2.6。

　　随着活化进行，活化反应速率和蒸汽分解率显著变化，基本呈类抛物线的趋势：先快速增大，然后基本保持不变，最后缓慢减小。这种变化趋势可能与颗粒孔隙结构以及活性位点的演变有关[32-34]。

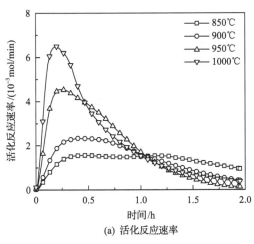
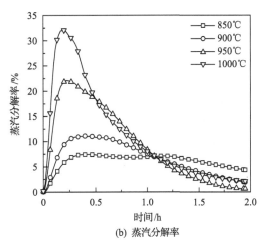

图 2.6　气化飞灰在水蒸气活化过程中活化反应速率和蒸汽分解率随活化时间的变化
（以晋城气化飞灰 1 为例）

此外，活化温度升高，活化反应速率和蒸汽分解率明显提高，这表明在试验温度范围内，气化飞灰活化过程主要处于动力学控制阶段。在类似水蒸气活化的条件下，煤焦[35]和废轮胎热解半焦[36]也表现出动力学控制行为。气化飞灰处于动力学控制的行为与其颗粒形貌和孔隙结构密切相关。一方面，降低粒径可以消除颗粒内部扩散效应[37-39]，强化本征动力学反应。当粒径小于 60μm 时，可忽视内扩散影响[40]。对于晋城气化飞灰 1，90%以上的颗粒满足这一要求（表 2.3）。另一方面，气化飞灰的孔隙结构极为发达，为活性组分向颗粒内部扩散提供了大量孔道，可进一步消除内扩散效应的影响。

总体而言，升高温度对气化飞灰活化反应速率的影响主要体现在三个方面：①初期阶段，反应速率显著加快，达到最大值所用时间明显缩短；②中期阶段，反应速率维持在最大值的时间急剧缩短；③后期阶段，反应速率衰减加速。

2.2.2　活化潜能及孔结构演变

图 2.7 为气化飞灰在水蒸气活化过程中的 S_{BET} 结果。经过活化后，高安气化飞灰的 S_{BET} 最大提升幅度为 164%，达到 362m²/g；宜化气化飞灰的 S_{BET} 最大提升幅度为 13%，达到 624m²/g；晋城气化飞灰 1 的 S_{BET} 最大提升幅度为 63%，达到 452m²/g。因此，经过活化后，气化飞灰孔隙结构能得到进一步发展，活化潜能与气化飞灰种类有关。

此外，随着活化反应的进行，S_{BET} 表现出与活化反应速率相同的变化趋势，即先快速增加，然后基本保持恒定，最后降低。这一变化趋势进一步证明了孔隙结构与活化速率之间存在内在联系。但是，与活化速率不同之处在于，S_{BET} 最大值几乎不随温度变化而变化。鉴于气化飞灰样品存在的潜在不均匀性以及在样品表征过程中潜在的测量误差，可以认为在不同温度系列工况下，S_{BET} 最大值基本保持恒定。在废弃轮胎热解半焦活化研究中，在 850～950℃温度范围出现了相似现象[41]。在该研究中，笔者认为，温度主要影响活化反应动力学，而不影响孔隙结构发展。

总体而言，升高活化温度可以在不削弱气化飞灰活化潜能的前提下，显著加速气化

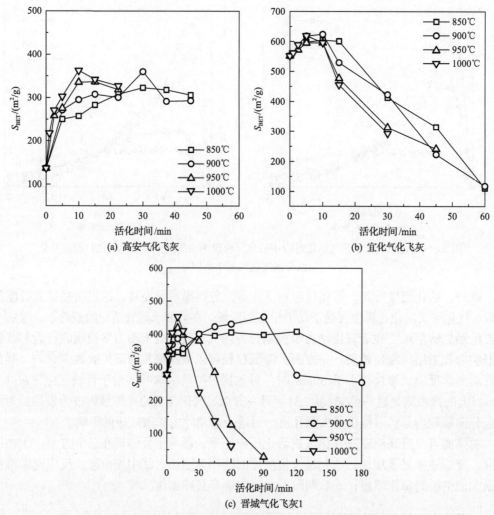

图 2.7　气化飞灰在水蒸气活化过程中 S_{BET} 随活化时间的变化

飞灰活化进度，缩短活化用时。这将为气化飞灰快速有效活化提供重要的理论基础。

图 2.8 为晋城气化飞灰 1 的微孔比表面积（S_{mic}）和非微孔比表面积（S_{ext}）随时间的变化情况。需要说明的是，非微孔包括介孔和大孔，但是气化飞灰中大孔对应比表面积仅约占 0.1%。因此，S_{ext} 主要由介孔贡献。由图可知，S_{mic} 和 S_{ext} 随时间的变化幅度很大，并且 S_{mic} 与 S_{BET} 的变化趋势相似，表明微孔主导了晋城气化飞灰 1 的孔结构演变过程。相比之下，S_{ext} 的变化幅度相对较小，整体表现为先增加后降低的趋势。随着活化时间进一步延长，S_{mic} 和 S_{ext} 均降低，这表明气化飞灰孔隙结构开始坍塌。图 2.9 给出了晋城气化飞灰 1 在 850℃工况下不同活化时间节点的孔径分布结果，可以更为直观地了解气化飞灰内部孔隙结构的演化规律。

2.2.3　活化过程分区及量化

通过以上分析，晋城气化飞灰 1 在活化过程中孔隙结构的演变过程可以划分为三个

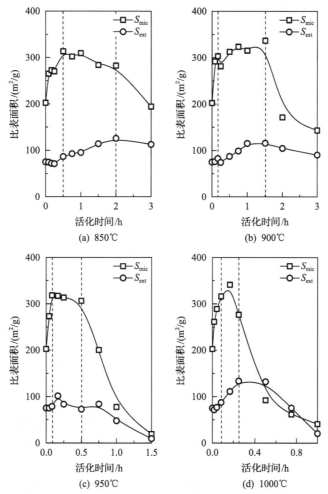

图 2.8　气化飞灰在水蒸气活化过程中微孔和非微孔比表面积随活化时间的变化(以晋城气化飞灰 1 为例)

阶段：发展阶段(Ⅰ)、动态平衡阶段(Ⅱ)和坍塌阶段(Ⅲ)。具体划分情况如图 2.8 中虚线所示：在第Ⅰ阶段，以微孔为主的孔隙结构得到显著发展；在第Ⅱ阶段，孔隙结构存在某种动态平衡，导致 S_{BET} 几乎保持恒定；在第Ⅲ阶段，微孔和介孔均开始呈坍塌状态，并且微孔的坍塌速度明显快于介孔。

　　显然，晋城气化飞灰 1 的孔隙结构演化过程始于微孔的形成，即造孔过程。在后续活化过程中，新形成的微孔内会继续发生碳的表面反应，对微孔进一步扩孔。扩孔过程同样也会发生在介孔和大孔内。当因扩孔过程导致相邻孔之间连通时，便会发生孔聚合。扩孔和孔聚合均会导致孔径增大，增大颗粒内部的孔隙率。孔径一旦达到临界值，孔结构便会开始坍塌，颗粒便会破裂。因此，在活化过程中，气化飞灰均会经历造孔、扩孔、孔聚合和孔坍塌的演化过程。

　　一般而言，造孔有助于颗粒 S_{BET} 增加，而扩孔和孔聚合则导致 S_{BET} 降低，即孔径越小，S_{BET} 越大。根据此原理可推断，第Ⅰ阶段气化飞灰内的造孔速率快于扩孔和孔聚合速率(这两个速率分别表示由于孔隙结构演变而导致 S_{BET} 相对增大或减小的速率，分别

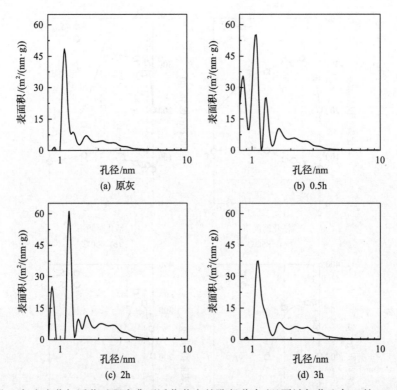

图 2.9　气化飞灰在水蒸气活化过程中典型活化节点的孔径分布（以晋城气化飞灰 1 的 850℃工况为例）

记为 $r_{S,in}$ 和 $r_{S,de}$）。因此，第 I 阶段对于孔隙结构的有序发展十分重要[15, 41, 42]。

　　在第 II 阶段，$r_{S,in}$ 基本等于 $r_{S,de}$，在较低温度下，这种动态平衡状态维持时间更加持久。例如，在 850℃，该阶段维持了约 1.5h，如图 2.7 所示。其实，这种孔隙结构相对动态平衡的现象并不少见，但是出于不同原因，这种现象并没有得到太多关注[42]。

　　在第 III 阶段，孔径进一步扩大，甚至坍塌。此时，微孔和介孔的造孔速率明显低于向更大孔的转变速率。晋城气化飞灰 1 的孔隙结构演变过程可归纳为图 2.10。对于高安气化飞灰和宜化气化飞灰，气化飞灰的活化过程仍遵循发展—动态平衡—结构坍塌的演变规律，但是孔隙结构的演变过程由介孔主导。

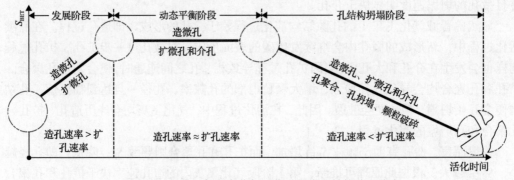

图 2.10　气化飞灰在水蒸气活化过程中孔结构分区演变

考虑到第Ⅰ阶段对孔隙结构发展的重要性，为了最大限度地利用气化飞灰，应将活化控制在第Ⅰ阶段和第Ⅱ阶段的交界处，而如何快速且有效地实现这一过程将是重点。

尽管气化飞灰活化过程存在三个阶段，但是不同阶段对应的时间节点随活化温度而剧烈变化(图2.7和图2.8)。为了有效调控整个活化过程，需要确定一个适用于不同温度工况的统一性量化参数。由于气化飞灰活化过程的本质是碳的表面反应，在此过程中，任何涉及碳的变化都可能影响颗粒的孔隙结构。在本章，以碳烧失率作为评估气化飞灰中碳性质变化的关键参数。在水蒸气活化过程中，由于存在气化飞灰的逃逸，碳烧失率不能简单地通过活化前后气化飞灰的质量差来计算。假设逃逸掉的气化飞灰发生与残留的气化飞灰同样的活化反应，那么根据飞灰平衡，可计算活化后气化飞灰的实际产率，并且计算得到整个活化过程的碳烧失率，具体如图2.11所示。

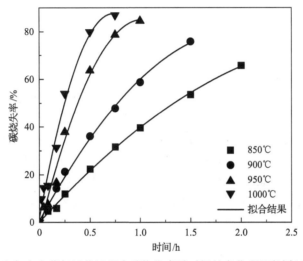

图2.11 气化飞灰在水蒸气活化过程中碳烧失率随时间的变化(以晋城气化飞灰1为例)

图2.12为气化飞灰 S_{BET} 与碳烧失率之间的对应关系。尽管活化温度不同，但是 S_{BET} 与碳烧失率之间呈现出很强的规律性：随着碳烧失率升高，S_{BET} 先增大，然后几乎保持

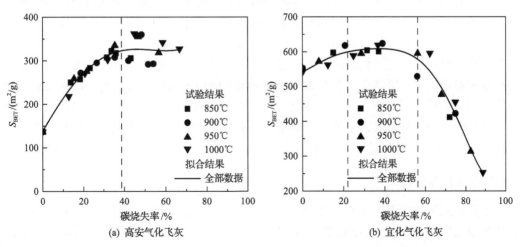

(a) 高安气化飞灰　　　　　　　　(b) 宜化气化飞灰

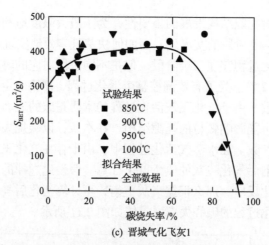

(c) 晋城气化飞灰1

图 2.12　气化飞灰在水蒸气活化过程中比表面积随碳烧失率的变化及过程分区

不变，最后减小。这种变化规律很好地对应了图 2.10 所示的三个阶段，表明该活化过程可以根据碳烧失率进行量化。对于高安气化飞灰，第 I 阶段对应碳烧失率低于约 39%。由于活化时间较短，尚无法确定第 II 阶段和第 III 阶段对应的碳烧失率范围。对于宜化气化飞灰，三个阶段对应的碳烧失率范围分别为 0%～22%、22%～56% 和 ＞56%。对于晋城气化飞灰 1，三个阶段对应的碳烧失率分别为 0%～15%、15%～60% 和 ＞60%。为了实现气化飞灰最佳活化效果，三种气化飞灰的碳烧失率应分别控制在 39%、22% 和 15%。但是，在 Preciado-Hernandez 等研究中[36]，观察到碳烧失率和 S_{BET} 之间基本呈抛物线关系；在 Zabaniotou 等的研究中[43]，在较窄的碳烧失率范围内达到了最大的 S_{BET}。该差异可能与原料的物性有关，内在机理有待进一步研究。

2.3　活化小试研究

前述研究已证实，流化床气化飞灰具备进一步活化提升孔隙结构的潜力，而如何经济高效地实现气化飞灰活化过程则需要进一步思考。鉴于超细颗粒尺寸的物性特征，采用流化床方式对气化飞灰直接活化，在原料预处理方面经济可行。但是，该工艺在气化飞灰的稳定流动和有效活化方面存在一定的技术难度：①气化飞灰属于 C 类粒子，难以实现连续稳定流化；②气化飞灰在流化床内停留时间较短(仅秒级)，与常规活性炭活化所需时间(小时级)不匹配。为验证气化飞灰流化床活化工艺的可行性，考察气化飞灰流化床活化特性和运行特性，本节以孔隙结构相对欠发达的高安气化飞灰为研究对象，基于 15kg/h 循环流化床小试平台(试验台详情见文献[44])，开展气化飞灰流化床活化试验。

2.3.1　活化温度的影响

本系列工况在相近的氧气碳比(0.13～0.14，物质的量之比)、蒸汽碳比(0.46～0.48，物质的量之比)和氧气浓度(59.7%～64.9%，体积分数)条件下进行，考察活化温度范围为 904~1030℃。

1. 气化特性

图 2.13 为高安气化飞灰在不同活化温度工况下的尾气组成和高位热值(HHV)。由图可知，尾气中主要组分为 CO_2、H_2 和 CO，而 CH_4 浓度较低，不足 0.3%。随着活化温度升高，尾气中可燃组分浓度及其热值均增加。其中，在 1030℃工况下，可燃气组分浓度达到 44%，尾气高位热值达到 1350kcal[①]/m^3，煤气品质满足作为工业燃气使用的基本条件。所以，气化飞灰在活化过程可兼得部分气化收益，并且在高温下尤为显著。

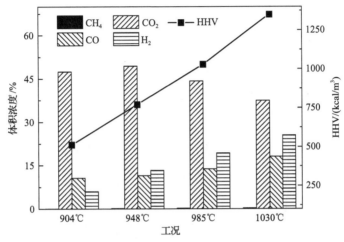

图 2.13　不同活化温度工况下的尾气组成和高位热值

2. 活化特性

图 2.14 和图 2.15 分别为不同活化温度工况下气化飞灰的 S_{BET} 和孔径分布情况。与原灰相比，经过流化床活化后气化飞灰的孔隙结构得到发展，并且活化效果随着活化温度升高而增强。例如，在 904℃工况下，活化后飞灰的 S_{BET} 为 184.3m^2/g，相比原灰提升了 34.5%；在 1030℃工况下，活化后飞灰的 S_{BET} 进一步发展至 203.6m^2/g，相比原灰提升了 48.6%。

孔径分布结果表明，在流化床活化过程中，气化飞灰的微孔结构得到快速发展，并且随着活化温度升高，微孔结构所占比例进一步提高，对应比表面积所占比例由 17.4%(904℃)提高至 30.2%(1030℃)。

3. 其他物性变化

根据 XRD、X 射线荧光光谱法(X-ray Fluorescence spectrometry，XRF)和 X 射线光电子能谱法(X-ray photoelectron spectroscopy，XPS)等表征结果，可确定气化飞灰在流化床活化过程中的物性变化，相关结果见图 2.16、表 2.7 和图 2.17。

---

① 1kcal=4.186×10^3J。

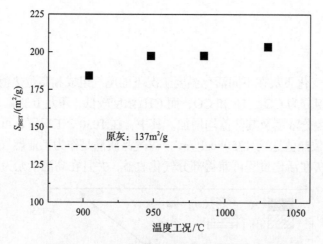

图 2.14 不同活化温度工况下气化飞灰的比表面积

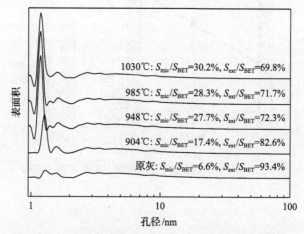

图 2.15 不同活化温度工况下气化飞灰的孔径分布情况

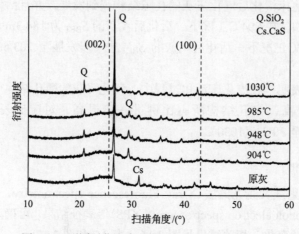

图 2.16 不同活化温度工况下气化飞灰的 XRD 谱图

根据图 2.16 所示 XRD 谱图，可以明显观察到"馒头峰"（(002)峰），这说明即使经过高温流化床活化后,气化飞灰中仍存在大量无定形碳结构,反应活性并没有明显削弱。

另外,相比原灰,活化后气化飞灰中石英相(SiO_2)峰强度明显增强,这可能是由部分石英砂床料掺入活化后的飞灰中引起的。XRF 分析结果(表 2.7)表明,活化后气化飞灰中 SiO_2 含量的确略有增加,进一步证实了部分床料从循环流化床逃逸至尾部管道,掺入气化飞灰中。这将导致样品测得的活性炭指标低于真实值。

表 2.7　气化飞灰 XRF 分析结果

灰样	Na_2O	K_2O	Al_2O_3	SiO_2	SO_3	MgO	CaO	Fe_2O_3	TiO_2	其他
高安气化飞灰	1.94	1.57	18.02	39.07	6.35	1.48	18.25	11.53	0.62	1.17
活化后高安气化飞灰	1.76	1.49	16.72	40.93	4.89	1.48	19.54	11.41	0.70	1.08

注:活化后高安气化飞灰取自 985℃工况。

图 2.17 为不同活化温度工况下气化飞灰的 XPS 图谱。根据该结果,活化前后气化飞灰的主要官能团基本相同,均为含氧(O1s 和 O_{KLL})和含碳(C1s 和 C_{KLL})官能团,并且活化温度对气化飞灰表面官能团的影响并不明显。

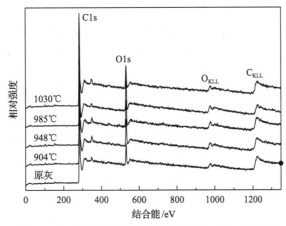

图 2.17　不同活化温度工况下气化飞灰的 XPS 图谱

2.3.2　蒸汽碳比的影响

本节涉及下行床有辅热和没有辅热两类工况。其中,下行床有辅热时,下行床温度处于 930~933℃,此时认为下行床内继续发生活化反应;下行床无辅热时,下行床温度低于 700℃,此时认为下行床内不发生活化反应。在辅热工况下,氧气碳比为 0.15,氧气浓度介于 52.1%~56.8%(体积分数),循环床活化温度介于 941~957℃;在无辅热工况下,氧气碳比介于 0.14~0.16,氧气浓度介于 57.8%~59.7%(体积分数),循环流化床活化温度介于 901~904℃。

1. 气化特性

图 2.18 为气化飞灰在相应工况下的尾气组成和高位热值。由图可知,在更高蒸汽碳比工况下,尾气中的可燃组分浓度和热值均得到不同程度提高,说明在更高通量的蒸汽

介入下，尾气的煤气品质得到改善。其中，蒸汽碳比为 0.49 且下行床有辅热时，可燃组分（H_2、CO、CH_4）体积浓度为 29%，尾气的高位热值为 905kcal/m³。

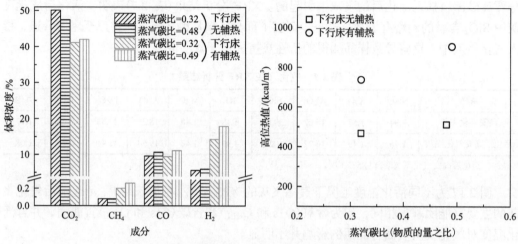

图 2.18　不同蒸汽碳比工况下的尾气组成和高位热值

进一步分析发现，高蒸汽碳比并非会带来更好的气化特性。如表 2.8 所示，在下行床有辅热时，随着蒸汽碳比增加，气化飞灰活化过程的碳转化率、冷煤气效率等各项指标均得到提升；但是在下行床无辅热时，高蒸汽碳比对气化指标的提升效果相对有限，甚至会降低碳转化率。因此，气化飞灰实际活化过程还受温度等因素影响。理论上，当蒸汽碳比变化时，反应 $C+H_2O \longrightarrow CO+H_2$ 和 $CO+H_2O \longrightarrow CO_2+H_2$ 会首先受到影响，并且随着蒸汽碳比增加而加强。但是，考虑到实际活化过程中停留时间和反应温度等因素综合影响，在较低反应温度条件下（如下行床无辅热，活化温度约为 900℃）贸然提高蒸汽量，反而会缩短气化飞灰在循环床内的停留时间，导致参与气化反应的气化飞灰绝对量减少，影响气化指标。

表 2.8　不同蒸汽碳比工况下的典型气化指标

典型气化指标	下行床无辅热工况		下行床有辅热工况	
	蒸汽碳比=0.32	蒸汽碳比=0.48	蒸汽碳比=0.32	蒸汽碳比=0.49
高位热值/(kcal/m³)	469	513	738	905
碳转化率/%	18.0	17.0	19.4	20.7
活化飞灰产率/%	86.5	87.2	85.4	84.4
蒸汽分解率/%	5.4	3.7	17.6	14.7
干煤气产率/(m³/kg)	0.43	0.40	0.54	0.54
冷煤气效率/%	3.1	3.4	6.3	7.9

2. 孔隙结构特征

图 2.19 为不同蒸汽碳比工况下气化飞灰的 S_{BET} 结果。根据该结果可以确认两点：

①气化飞灰孔隙结构得到发展,对于本节涉及的工况,S_{BET} 分别提升 26.4%、34.5%、38.0% 和 56.4%;②高蒸汽碳比有助于提升气化飞灰的活化效果。

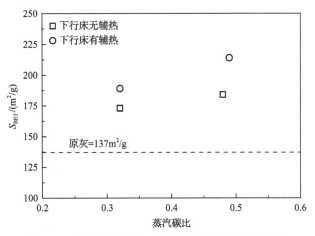

图 2.19　不同蒸汽碳比工况下气化飞灰的比表面积

　　图 2.20 为不同蒸汽碳比工况下气化飞灰的孔径分布结果。与原灰相比,在活化过程中,气化飞灰的孔隙结构发生了较大变化,微孔和介孔结构得到发展,并且孔径介于 1~2nm 的微孔发展尤为显著。并且,随着蒸汽碳比增加,以微孔为主的孔隙结构得到进一步发展。例如,在下行床无辅热,当蒸汽碳比从 0.32 提升至 0.48 时,微孔比表面积比例从 15.9% 提升至 17.4%;在下行床有辅热时,在近乎相同的蒸汽碳比变化幅度下,微孔比表面积比例从 26.9% 上升至 28.0%。

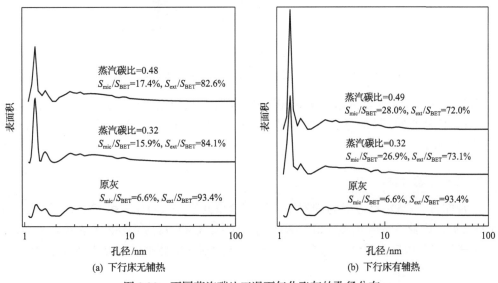

图 2.20　不同蒸汽碳比工况下气化飞灰的孔径分布

2.3.3　氧气碳比的影响

　　按照蒸汽碳比、活化温度、氧气浓度和氧气碳比的顺序,本系列工况条件分别为

（0.49，962℃，46.2%，0.094）、（0.49，941℃，56.8%，0.149）和（0.49，950℃，62.5%，0.193）。

1. 气化特性

图 2.21 为不同氧气碳比工况下的尾气组成和高位热值。根据经验，在如此低的氧气碳比条件下，尾气中可燃组分浓度和高位热值会随氧气碳比增加而增加，或者先增加至峰值然后再降低。在不考虑其他影响因素的前提下，图 2.21 所呈现规律显然不合理，而这种不合理可能由工况之间较大的运行温度差异引起。在较低温度工况（运行温度 941℃，氧气碳比为 0.149）下，放热反应 $C-O_2$ 会向燃烧生成 CO_2 的方向转变，吸热反应 $C-H_2O$ 则会被抑制。这种由温度差异引起的变化会进一步体现在尾气组分浓度和高位热值上，具体为：CO_2 浓度相对增加，H_2 和 CO 等可燃气组分浓度相对降低，煤气高位热值也相对降低。

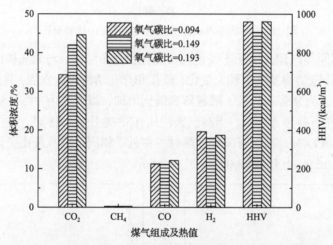

图 2.21　不同氧气碳比工况下的尾气组成和高位热值

但是，对于其他气化指标，随着氧气碳比增加，碳转化率和冷煤气效率均呈增加趋势。氧气碳比从 0.094 增加至 0.193，碳转化率从 14.4%提升至 26.8%，冷煤气效率从 6.8%提升至 10.2%。

2. 孔隙结构特征

通常而言，$C-O_2$ 反应极为剧烈，其反应速率几乎是 $C-H_2O$ 和 $C-CO_2$ 反应的 10^5 倍（表 2.9）。因此，在气化飞灰流化床活化过程中，$C-O_2$ 反应主要发生在颗粒外表面，不利于气化飞灰内部孔隙结构的形成；气化飞灰的活化则更多依靠反应强度相对温和的 $C-H_2O$ 和 $C-CO_2$ 反应。

图 2.22 给出了不同氧气碳比工况下气化飞灰的 S_{BET} 结果。结果显示，气化飞灰在流化床活化过程中似乎存在最佳氧气碳比。当氧气碳比为 0.149 时，活化后飞灰的 S_{BET} 最高，达到 214m^2/g，相比原灰提升了 56.2%。根据该结果，可以推测气化飞灰内部孔隙结构的发展并非仅靠 $C-H_2O$ 反应，还可能受 $C-O_2$ 反应影响。当氧气碳比处于较低水平时，

氧气对孔隙结构的发展起到促进作用,过量氧气介入则会大大加速 C-O_2 反应,不利于内部孔隙结构形成,甚至会造成孔隙结构坍塌。

表 2.9 气化飞灰活化过程涉及的主要异相反应

序号	化学反应	等效反应速率
1	$(1+n)\,C + O_2 \longrightarrow 2nCO + (1-n)\,CO_2$	10^5
2	$C + H_2O \longrightarrow CO + H_2$	3
3	$C + CO_2 \longrightarrow 2CO$	1

注:$n \in (0, 1)$;等效反应速率参考文献[45]。

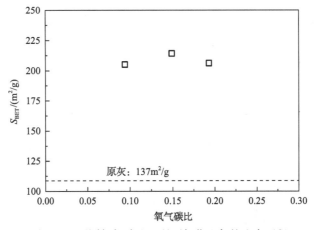

图 2.22 不同氧气碳比工况下气化飞灰的比表面积

图 2.23 为不同氧气碳比工况下气化飞灰的孔径分布情况。结果表明,随着氧气碳比增加,气化飞灰的微孔比表面积所占比例呈单调下降趋势。当氧气碳比由 0.094 增至 0.193

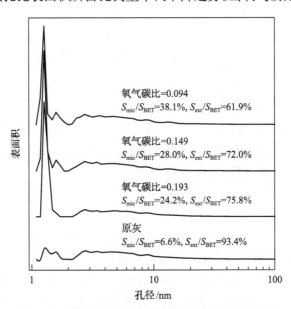

图 2.23 不同氧气碳比工况下气化飞灰的孔径分布

时，微孔比表面积所占比例从 38.1%降至 24.2%。单调下降趋势直接证明 C-O₂ 反应主要发生在颗粒外部，因此高氧气碳比不利于气化飞灰内部微孔结构的形成。

2.3.4　氧气浓度的影响

本系列工况在相近的氧气碳比(0.22～0.23)、蒸汽碳比(0.49～0.54)和活化温度(945～957℃)下进行，考察 26.5%～55.4%范围内氧气体积浓度的影响。

1. 气化特性

图 2.24 为不同氧气浓度工况下的尾气组成和高位热值。可以明显看到，随着氧气浓度提升，尾气中可燃组分浓度和高位热值均单调递增。当氧气浓度为 55.4%时，尾气高位热值达到最高，为 376kcal/m³。一方面，提高氧气浓度，可以减小炉内惰性气体输入量，对活化后可燃组分起到浓缩效果。另一方面，在高氧气浓度下，C-O₂ 反应更容易向生成 CO 的方向转变，有利于可燃产物的生成[46]。

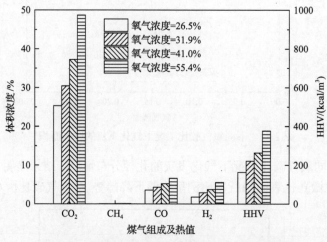

图 2.24　不同氧气浓度工况下尾气组成及高位热值

此外，在较高氧气浓度下，提升管内表观流速降低，气化飞灰颗粒在提升管内停留时间延长，有利于气化反应充分进行。当氧气浓度从 26.5%提升至 55.4%时，气化飞灰在炉内的停留时间由 0.75s 提升至 1.03s。与此同时，该过程的冷煤气效率和蒸汽分解率均呈增加趋势；但是，碳转化率并没有表现出相似的变化趋势，而是基本维持在约 25%；干煤气产率则随着气流量不断减小而呈降低趋势。

2. 孔隙结构特征

图 2.25 为不同氧气浓度工况下气化飞灰的 S_{BET} 结果。结果表明，随着氧气浓度增加，气化飞灰 S_{BET} 基本呈增加趋势。当氧气体积浓度为 55.4%时，S_{BET} 提升幅度最大，达到 224m²/g，提升比例为 63.5%。需要注意的是，改变氧气浓度不仅影响各活化反应之间的相对比例，还会通过改变流场的方式，影响气化飞灰颗粒在提升管内的停留时间。

例如，当氧通量不变时，氧浓度越高，颗粒在提升管内停留时间越长，越有利于活化反应进行。停留时间对气化飞灰活化过程的影响将在 2.3.5 节讨论。

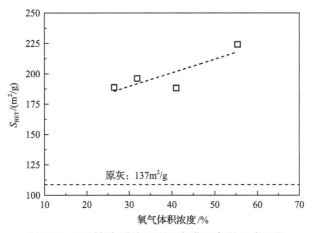

图 2.25　不同氧气浓度工况下气化飞灰的比表面积

图 2.26 为不同氧气浓度工况下气化飞灰的孔径分布。由图可知，高氧气浓度更有利于微孔形成。在氧气体积浓度为 55.4% 时，原灰中微孔比表面积比例由 6.6% 大幅提升至35.3%。

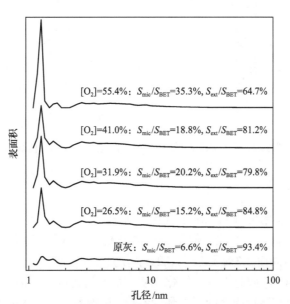

图 2.26　不同氧气浓度工况下气化飞灰的孔径分布

2.3.5　停留时间的影响

本系列工况在相近的氧气碳比（0.13～0.15）、蒸汽碳比（0.46～0.49）、活化温度（941～948℃）和氧气浓度（56.8%～65.0%）条件下进行。通过下行床有辅热（下行床温度可达 933℃，而无辅热时，下行床温度最高仅 794℃），延长气化飞灰活化区间，以考察活化停留时间的影响。

1. 气化特性

当温度高于 800℃时，认为发生气化飞灰的 C-H$_2$O 活化反应，并将其在相应温度区间的停留时间作为活化停留时间。据此方法，不同工况下，气化飞灰在提升管内的停留时间约为 1.38s，而当下行床有辅热时，停留时间则延长至 7.21s。

图 2.27 为下行床有/无辅热时的尾气组成和高位热值。通过对比发现，下行床辅热带来的主要变化为：H$_2$ 浓度明显提高，CO$_2$ 浓度明显降低，CO 浓度略有降低，尾气高位热值明显增加。下行床辅热将促使气化飞灰在下行床内进一步活化，涉及反应包括 C+H$_2$O $\longrightarrow$ CO+H$_2$、CO$_2$+C $\longrightarrow$ 2CO 和 CO+H$_2$O $\longrightarrow$ CO$_2$+H$_2$。其中，前两个反应有助于提升气化飞灰活化过程的气化指标，而后一个反应则有助于改善尾气组成，这可能是有辅热工况下 CO 浓度低于无辅热工况的潜在原因。

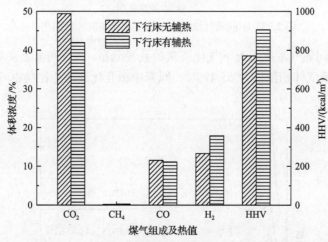

图 2.27　下行床有/无辅热工况下的尾气组成和高位热值

2. 孔隙结构特征

图 2.28 为下行床有/无辅热工况下气化飞灰的 S_{BET} 结果。显然，延长活化时间有助于气化飞灰孔隙结构进一步发展，但是 S_{BET} 的增幅明显小于停留时间。当下行床有辅热时，气化飞灰停留时间由 1.38s 延长至 7.21s，增加了 4.2 倍，而 S_{BET} 对应的提升幅度仅从 44.1%提升至 56.4%。如此来看，气化飞灰在循环流化床内的活化效果似乎更优。

对比循环流化床与下行床之间反应环境差异，可推测气化飞灰在循环流化床内活化更有效的可能原因：①提升管内氧气的介入加速了活化进度；②石英砂床料对气化飞灰活化过程起促进作用；③气化飞灰颗粒在循环床内经历多次循环，在炉内实际停留时间远不止 1.38s。

图 2.29 为下行床有/无辅热工况下气化飞灰的孔径分布。可以清楚地看到，延长活化停留时间，气化飞灰颗粒内部微孔结构得到有效发展，对应表面积比例由 27.7%增加至 28.0%，平均孔径则由 4.623nm 降至 4.348nm。

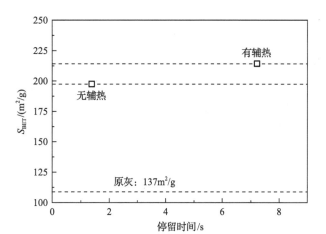

图 2.28　下行床有/无辅热工况下气化飞灰的比表面积

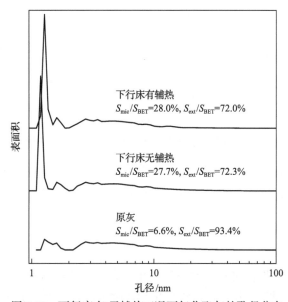

图 2.29　下行床有/无辅热工况下气化飞灰的孔径分布

2.3.6　机理与小试对比

　　气化飞灰流化床活化过程极为复杂，不仅涉及 O_2、H_2O 等多种活性介质的有效和无效活化反应，还涉及气固两相之间的传质和流动问题。由于流化床活化过程存在自热和辅热之间的热量匹配，在电炉调控精度、给料系统稳定性等无法得到有效保障的前提下，气化飞灰的流化床活化过程很难实现真正意义上的控制变量。相比之下，由于活性介质有效且唯一，传质和流动过程相对简单，基于管式炉的水蒸气活化过程可以实现试验过程的精准控制。因此，气化飞灰在管式炉的活化数据为剖析气化飞灰流化床活化过程提供了理论参考。

1. 停留时间

图 2.30 为管式炉试验和流化床小试中气化飞灰 S_{BET} 与活化停留时间之间的对应关系。气化飞灰在流化床活化过程中有效活化时间仅为秒级,而在管式炉活化过程中活化时间控制在分钟级甚至小时级。即便如此,气化飞灰在秒级流化床活化过程中孔隙结构得到了发展。在相同的活化效果情况下,流化床活化用时比管式炉活化用时缩短约两个数量级。

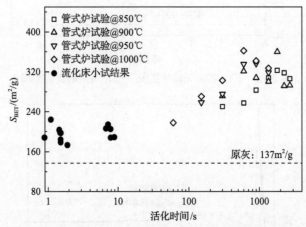

图 2.30　管式炉试验和流化床小试结果对比:比表面积与活化时间对应关系

考虑到气化飞灰在两种反应器内的活化条件差异,气化飞灰在流化床内的快速活化显然与 O_2 的介入有关。但是,气化飞灰在流化床活化过程中的最佳活化效果远低于管式炉,前者对应最大 S_{BET} 提升 63.6%,而后者却达到 164.3%。

2. 碳烧失率

根据管式炉结果,气化飞灰在水蒸气活化过程中孔隙结构存在发展—动态平衡—结构坍塌的三阶段演变规律,并且该过程可根据碳烧失率进行量化划分。图 2.31 给出了管式炉活化试验和流化床活化小试中气化飞灰 S_{BET} 随碳烧失率的变化关系。若将管式炉活化试验中气化飞灰 S_{BET}-碳烧失率拟合曲线视为理论活化曲线,那么流化床活化结果与该曲线的差距可反映流化床活化过程的特点。显然,气化飞灰的流化床活化效果均低于理论活化值,这说明在流化床活化过程中气化飞灰活化效果受到不同程度的损耗。这种损耗可能与系统内剧烈的 $C-O_2$ 反应造成气化飞灰无效碳烧失有关,而适当降低炉内 O_2 量,一定程度上可缩小流化床活化与理论活化之间的差距。另外,根据三阶段划分标准,气化飞灰的流化床活化过程仍处于孔隙结构的发展阶段,提高该活化过程的碳烧失率(可调控碳烧失率范围为 27%~39%),有望进一步提升气化飞灰的活化效果。

结合图 2.30 结果基本可以确定,在流化床活化过程中,O_2 的介入会加速气化飞灰活化进度,缩短活化用时,同时也会损耗气化飞灰的部分活化潜能,导致在相同碳烧失率条件下,活化效果低于理论值。

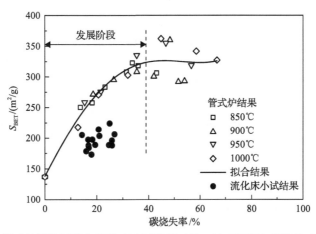

图 2.31　管式炉活化试验和流化床小试结果对比：比表面积与碳烧失率对应关系

3. 孔径分布

图 2.32 为管式炉活化试验和流化床活化小试中部分工况下气化飞灰的孔径分布。为便于分析，图中所示两类气化飞灰的 S_{BET} 几乎相等，分别为 217.7m^2/g 和 224.1m^2/g。其中，管式炉活化试验工况为：活化温度 1000℃，活化时间 1min；流化床活化试验工况为：氧气碳比 0.22，蒸汽碳比 0.49，氧气浓度 55.38%，活化温度 950℃，下行床无辅热。

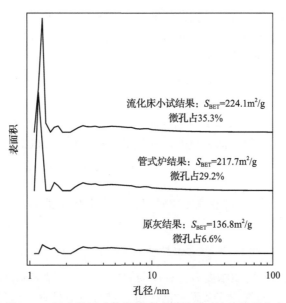

图 2.32　管式炉试验和流化床小试结果对比：孔径分布

由图 2.32 可知，相对于管式炉活化过程，气化飞灰经过流化床活化后微孔结构更为发达，微孔表面积所占比例分别为 29.2% 和 35.3%。对于高安气化飞灰，在孔隙结构发展阶段，更高的微孔比例意味着更快的活化进度，这进一步证明流化床活化过程的确加速了气化飞灰的活化进度。

2.4 活化理论分析

尽管气化飞灰种类对活化效果影响很大，但是经过秒级的流化床活化过程后，气化飞灰孔隙结构仍存在进一步发展的可能，并且在高温下的活化效果更为显著。

固体颗粒的活化效果是活化反应速率与活性气体向颗粒内部扩散速率之间相互竞争的结果。当扩散速率大于或远大于反应速率时，反应将主要发生在颗粒内部，对颗粒内部孔隙结构的发展起到促进作用，此时活化反应有效。常规活性炭的物理活化过程严格遵循该原则。本节基于反应速率和扩散速率之间的相互关系，结合活化反应条件（主要指温度）和原料物性（颗粒粒径和孔隙率）对活化过程的影响，理论分析气化飞灰流化床活化的可行性。

2.4.1 理论分析模型

1. 反应速率模型

对于特定化学反应，反应速率常数（k）一定程度上决定了化学反应速率。根据阿伦尼乌斯方程，k 与反应温度、反应活化能等因素有关：

$$k = A\exp[-E_a/(RT)] \tag{2-6}$$

式中，A 为反应指前因子；E_a 为反应活化能；R 为摩尔气体常数；T 为温度。

在反应动力学控制区间，温度通过改变反应速率常数的方式影响化学反应速率。在气化飞灰活化过程中，视水蒸气活化反应（$C+H_2O \longrightarrow CO+H_2$）为有效活化反应。为简化分析，认为在小于 1000℃的活化温度下，该反应均处于动力学控制区间。此时，气化飞灰有效活化反应速率与活化温度密切相关。

根据已发表文献结果，煤焦水蒸气气化反应的活化能介于 118~165kJ/mol[35]。考虑到气化飞灰可能比煤焦的反应活性更差，此处活化能取值为 200kJ/mol。

2. 扩散速率模型

活化剂扩散速率（J）可通过菲克定律确定，与活化剂浓度梯度（∇C）和扩散系数（D）呈正相关关系：

$$J = -D \cdot \nabla C \tag{2-7}$$

式中，∇C 与空间尺寸和物质浓度有关；D 与温度、压力和颗粒孔隙率等因素有关。

为简化扩散过程，对气化飞灰颗粒活化过程进行以下处理或假设：①气化飞灰颗粒为球体，内部孔隙结构均匀分布，内孔孔径相同且以球心为起点向外发散；②颗粒活化所需活化剂充足且浓度恒定，即忽略外扩散影响；③活化剂向颗粒内扩散的过程可简化为一维扩散过程。

根据以上假设，可以确定 ∇C 与颗粒粒径（d）成反比：

$$\nabla C \sim \partial C/\partial d \tag{2-8}$$

并且 D 与颗粒内部孔数量 (m) 成正比。对于孔径确定的颗粒，孔数量与颗粒 S_{BET} 成正比，所以

$$D \sim m \sim S_{BET} \tag{2-9}$$

另外，根据分子动力学理论，扩散速率还与温度和压力有关：

$$D \sim T^{3/2}/P \tag{2-10}$$

3. 基准条件

以上仅从过程动态变化的角度，确定了气化飞灰活化过程的活化剂扩散模型和反应模型。为考察潜在因素对气化飞灰活化效果的具体影响，需要明确一个活化效果已知的活化过程作为参考。常规煤基活性炭制备过程相对成熟，因此本节将颗粒活性炭的活化过程视为有效活化基准，原料物性和活化条件为：炭化料粒径为 5mm，S_{BET} 为 10m²/g，活化剂为水蒸气，活化温度为 800℃，有效活化时间为 10h。

气化飞灰作为实际活化对象，部分物性如下：颗粒粒径为 10μm，S_{BET} 为 200m²/g。

2.4.2　影响因素分析

1. 温度影响

图 2.33 为 C-H₂O 反应速率和活化剂扩散速率随温度的变化关系。提高反应温度，反应速率和活化剂扩散速率均加快；而降低反应温度，两者均变慢。并且，反应速率对温度的敏感度明显大于扩散速率。因此，在一定的碳烧失率需求下，提高反应温度可以大幅缩短活化用时。但是，由于扩散速率的增幅相对较小，该过程的活化有效性会降低，即单纯提升反应温度会影响活性炭的品质。反之，降低反应温度，可以保障活性炭的品质，但是活化反应速率降低，活化用时将延长。

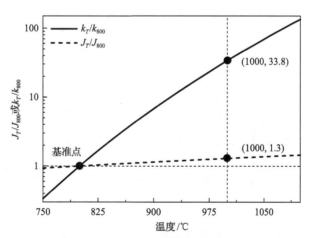

图 2.33　温度对反应速率和扩散速率的影响

J_{800} 表示基准点对应的扩散速率；k_{800} 表示基准点对应的反应速率

针对图 2.33 进行定量分析，若在基准点条件下，将反应温度提高至 1000℃，反应速

率将加速 33.8 倍，扩散速率将加速 1.3 倍。在不考虑活化有效性时，单纯通过提高温度，可将常规煤基活性炭的活化时间由 5h 缩至不足 9min。

2. 粒径影响

图 2.34 为颗粒粒径对扩散速率的影响。由图可知，粒径与扩散速率成反比。对于高安气化飞灰，中值粒径 d_{50} 为 26.1μm。在如此细的颗粒尺度下，颗粒内扩散效应将大大缩小。相较于基准点（粒径为 5mm），活化剂扩散速率将提高 191 倍。因此，降低颗粒粒径将加快扩散速率，大大加强活化有效性。

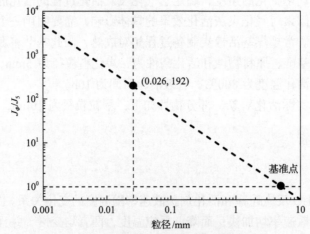

图 2.34　颗粒粒径对扩散速率的影响
J_5 表示基准点对应的扩散速率

若将基准点下扩散速率与反应速率之比设定为 α，结合图 2.33 和图 2.34 结果，可得到温度和粒径对活化过程的综合影响规律。当扩散速率与反应速率之比大于 α 时，活化过程有效性将加强；当两者之比小于 α 时，活化过程有效性将降低，具体见图 2.35。

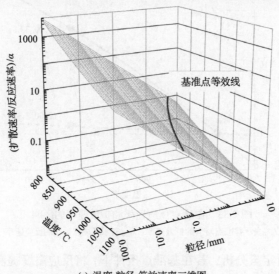

(a) 温度-粒径-等效速率三维图

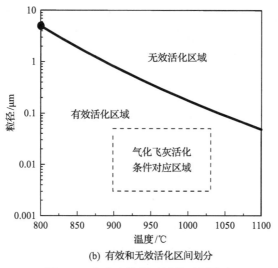

(b) 有效和无效活化区间划分

图 2.35　温度和粒径对活化过程影响

　　总体而言，提高温度、降低粒径可以实现颗粒的有效活化，如图 2.35(b) 所示的有效活化区域。对于气化飞灰(绝大多数颗粒粒径为 3~51μm)，在 900~1030℃条件下，气化飞灰的活化过程明显位于有效活化区域(不考虑 $C-O_2$ 反应，仅考虑 $C-H_2O$ 反应)。相对于基准点，气化飞灰在 1000℃活化条件下，活化剂扩散速率提高了 250 倍，反应速率提高了 33.8 倍，扩散速率与反应速率比值提高了近 7.4 倍，整个活化过程朝着有效活化的方向发展。

　　尽管 $C-O_2$ 反应的反应速率极高，不利于有效活化，但是在气化飞灰如此剧烈的扩散效应下，$C-O_2$ 反应也有可能发生在颗粒内部，使气化飞灰在空气气氛下仍表现出活化效果。

3. 比表面积影响

　　除了微米级粒径对扩散过程的促进作用外，气化飞灰较高的 S_{BET} 对活性组分向颗粒内部的扩散同样起到促进作用。图 2.36 为颗粒 S_{BET} 与扩散速率之间的关系。对于高安气

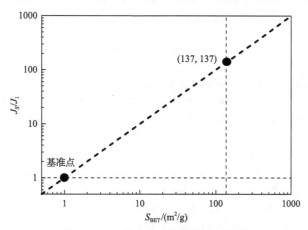

图 2.36　比表面积对扩散速率的影响

J_1 表示基准点对应的扩散速率

化飞灰,在发达的孔隙结构作用下,扩散速率将增加 136 倍,进一步强化有效活化过程。由于在实际过程中,气化飞灰的孔隙结构并非由内向外均匀发散,S_{BET} 对扩散速率的真实作用强度将弱于图 2.36 的结果。

2.5 小 结

流化床煤气化技术煤种适应范围广,不同煤种的气化飞灰之间存在物性差异,但是基本表现出高碳(38%~82%)、低挥发分(<9.7%)、超低水分(低至 0.4%)、微米级超细粒径、发达的孔隙结构(S_{BET} 介于 139~552m²/g)、丰富的无定形碳结构和活性位点等特征。气化飞灰的孔隙结构与气化用煤的煤阶密切相关,煤阶越高,微孔结构越发达。对于高碱煤气化飞灰,其孔隙结构尤为发达。凭借发达的孔隙结构、丰富的无定形碳结构和活性位点,气化飞灰具有直接作为多孔炭材料使用,或者进一步活化后用作活性炭使用的潜力。

经过水蒸气活化,气化飞灰孔隙结构能够得到进一步提升,其活化潜能与气化飞灰种类密切相关。在活化过程中,气化飞灰孔隙结构呈现发展—动态平衡—结构坍塌的演变规律,具体演变进度由新孔形成与旧孔扩展和聚合之间的相对速率决定。根据碳烧失率,可对气化飞灰整个活化过程进行分区量化。为实现气化飞灰的有效活化,应将活化过程控制在发展阶段和动态平衡阶段的相交处。

流化床活化可以在秒级时间内实现气化飞灰的有效活化。提升温度、延长活化停留时间、提高氧气浓度和蒸汽碳比,均有利于气化飞灰孔隙结构的发展。气化飞灰微米级粒径以及发达的孔隙结构大大加速了活性组分向气化飞灰颗粒内部的扩散速率,极大地提高了活化反应的有效性,这是气化飞灰在流化床活化过程中孔隙结构有序发展的重要依据。此外,在流化床活化过程中,提高活化温度以及低量氧气介入可以加速气化飞灰活化进度,缩短等效活化用时,在极短时间内进一步实现气化飞灰的活化效果,但同时也会削弱气化飞灰的活化潜能。通过优化流化床活化过程的运行参数(如在孔隙结构发展阶段内进一步提升碳烧失率),气化飞灰的活化效果可以得到有效提升。

参 考 文 献

[1] 张玉魁. 流化床煤气化细粉灰高温燃烧与熔融特性研究[D]. 北京: 中国科学院工程热物理研究所, 2018.

[2] Duan L B, Liu D Y, Chen X P, et al. Fly ash recirculation by bottom feeding on a circulating fluidized bed boiler co-burning coal sludge and coal[J]. Applied Energy, 2012, 95: 295-299.

[3] Ren Q Q, Bao S. Combustion characteristics of ultrafine gasified semi-char in circulating fluidized bed[J]. Canadian Journal of Chemical Engineering, 2016, 94(9): 1676-1682.

[4] Sua-iam G, Makul N. Utilization of high volumes of unprocessed lignite-coal fly ash and rice husk ash in self-consolidating concrete[J]. Journal of Cleaner Production, 2014, 78: 184-194.

[5] Wu T, Chi M, Huang R. Characteristics of CFBC fly ash and properties of cement-based composites with CFBC fly ash and coal-fired fly ash[J]. Construction and Building Materials, 2014, 66: 172-180.

[6] Borowski G, Ozga M. Comparison of the processing conditions and the properties of granules made from fly ash of lignite and

coal[J]. Waste Management, 2020, 104: 192-197.

[7] Teixeira E R, Camões A, Branco F G, et al. Recycling of biomass and coal fly ash as cement replacement material and its effect on hydration and carbonation of concrete[J]. Waste Management, 2019, 94: 39-48.

[8] 程相龙, 郭晋菊, 曹敏, 等. 加压流化床气化飞灰造粒及其燃烧特性研究[J]. 化学工程, 2019, 47(4): 59-64.

[9] 周祖旭. 细粉碳燃料在循环流化床的流动特性研究[D]. 北京: 中国科学院工程热物理研究所, 2015.

[10] 孙付成. 煤气化细粉灰的循环流化床燃烧试验研究[D]. 北京: 中国科学院工程热物理研究所, 2015.

[11] 张玉魁, 张海霞, 朱治平. 准东煤流化床气化飞灰的理化特性研究[J]. 燃料化学学报, 2016, 44(3): 305-313.

[12] 蒋剑春. 活性炭制造与应用技术[M]. 北京: 化学工业出版社, 2018.

[13] Wilson J. Active carbons from coals[J]. Fuel, 1981, 60(9): 823-831.

[14] Thommes M, Kaneko K, Neimark A V, et al. Physisorption of gases, with special reference to the evaluation of surface area and pore size distribution (IUPAC Technical Report)[J]. Pure and Applied Chemistry, 2015, 87(9-10): 1051-1069.

[15] Kovacik G, Wong B, Furimsky E. Preparation of activated carbon from western Canadian high rank coals[J]. Fuel Processing Technology, 1995, 41(2): 89-99.

[16] Salehin S, Aburizaiza A, Barakat M. Recycling of residual oil fly ash: Synthesis and characterization of activated carbon by physical activation methods for heavy metals adsorption[J]. International Journal of Environmental Research, 2015, 9(4): 1201-1210.

[17] He H F, Liu P C, Xu L, et al. Pore structure representations based on nitrogen adsorption experiments and an FHH fractal model: Case study of the block Z shales in the Ordos Basin, China[J]. Journal of Petroleum Science and Engineering, 2021, 203: 108661.

[18] Mahamud M, López Ó, Pis J J, et al. Textural characterization of chars using fractal analysis[J]. Fuel Processing Technology, 2004, 86(2): 135-149.

[19] Wu M K. The roughness of aerosol particles: Surface fractal dimension measured using nitrogen adsorption[J]. Aerosol Science and Technology, 1996, 25(4): 392-398.

[20] Tang J W, Feng L, Li Y J, et al. Fractal and pore structure analysis of Shengli lignite during drying process[J]. Powder Technology, 2016, 303: 251-259.

[21] Sevilla M, Díez N, Fuertes A B. More sustainable chemical activation strategies for the production of porous carbons[J]. ChemSusChem, 2021, 14(1): 94-117.

[22] Song G L, Song W J, Qi X B, et al. Effect of the air-preheated temperature on sodium transformation during Zhundong Coal gasification in a circulating fluidized bed[J]. Energy & Fuels, 2017, 31(4): 4461-4468.

[23] Dai G F, Zheng S J, Wang X B, et al. Combustibility analysis of high-carbon fine slags from an entrained flow gasifier[J]. Journal of Environmental Management, 2020, 271: 111009.

[24] 吕登攀, 白永辉, 王焦飞, 等. 气流床气化细渣中残炭的结构特征及燃烧特性研究[J]. 燃料化学学报, 2021, 49(2): 129-136.

[25] Guo F H, Zhao X, Guo Y, et al. Fractal analysis and pore structure of gasification fine slag and its flotation residual carbon[J]. Colloids and Surfaces A: Physicochemical and Engineering Aspects, 2020, 585: 124148.

[26] Buentello-Montoya D A, Zhang X, Li J. The use of gasification solid products as catalysts for tar reforming[J]. Renewable and Sustainable Energy Reviews, 2019, 107: 399-412.

[27] Hernández J J, Lapuerta M, Monedero E. Characterisation of residual char from biomass gasification: Effect of the gasifier operating conditions[J]. Journal of Cleaner Production, 2016, 138: 83-93.

[28] Murillo R, Navarro M V, López J M, et al. Activation of pyrolytic tire char with CO₂: Kinetic study[J]. Journal of Analytical and Applied Pyrolysis, 2004, 71(2): 945-957.

[29] Gu J, Wu S R, Wu Y Q, et al. Differences in gasification behaviors and related properties between entrained gasifier fly ash and coal char[J]. Energy & Fuels, 2008, 22(6): 4029-4033.

[30] Jawhari T, Roid A, Casado J. Raman-spectroscopic characterization of some commercially available carbon-black materials[J].

Carbon, 1995, 33 (11): 1561-1565.

[31] Jiang D H, Song W J, Wang X F, et al. Physicochemical properties of bottom ash obtained from an industrial CFB gasifier[J]. Journal of the Energy Institute, 2021, 95: 1-7.

[32] Bhatia S K, Perlmutter D D. A random pore model for fluid-solid reactions: Ⅰ. Isothermal, kinetic control[J]. AIChE Journal, 1980, 26 (3): 379-386.

[33] Bhatia S K, Perlmutter D D. A random pore model for fluid-solid reactions: Ⅱ. Diffusion and transport effects[J]. AIChE Journal, 1981, 27 (2): 247-254.

[34] Liu G, Benyon P, Benfell K E, et al. The porous structure of bituminous coal chars and its influence on combustion and gasification under chemically controlled conditions[J]. Fuel, 2000, 79 (6): 617-626.

[35] Tanner J, Bhattacharya S. Kinetics of CO_2 and steam gasification of Victorian brown coal chars[J]. Chemical Engineering Journal, 2016, 285: 331-340.

[36] Preciado-Hernandez J, Zhang J, Jones I, et al. An experimental study of gasification kinetics during steam activation of a spent tyre pyrolysis char[J]. Journal of Environmental Chemical Engineering, 2021, 9 (4): 105306.

[37] Mani T, Mahinpey N, Murugan P. Reaction kinetics and mass transfer studies of biomass char gasification with CO_2[J]. Chemical Engineering Science, 2011, 66 (1): 36-41.

[38] Kim R G, Hwang C W, Jeon C H. Kinetics of coal char gasification with CO_2: Impact of internal/external diffusion at high temperature and elevated pressure[J]. Applied Energy, 2014, 129: 299-307.

[39] Huo W, Zhou Z J, Wang F C, et al. Mechanism analysis and experimental verification of pore diffusion on coke and coal char gasification with CO_2[J]. Chemical Engineering Journal, 2014, 244: 227-233.

[40] 李位位, 黄戒介, 王志青, 等. 煤焦 CO_2 气化反应动力学及内扩散对气化过程的影响分析[J]. 燃料化学学报, 2016, 44 (12): 1416-1421.

[41] López G, Olazar M, Artetxe M, et al. Steam activation of pyrolytic tyre char at different temperatures[J]. Journal of Analytical and Applied Pyrolysis, 2009, 85 (1-2): 539-543.

[42] Lu Z, Maroto-Valer M M, Schobert H H. Role of active sites in the steam activation of high unburned carbon fly ashes[J]. Fuel, 2008, 87 (12): 2598-2605.

[43] Zabaniotou A, Madau P, Oudenne P D, et al. Active carbon production from used tire in two-stage procedure: Industrial pyrolysis and bench scale activation with H_2O-CO_2 mixture[J]. Journal of Analytical and Applied Pyrolysis, 2004, 72 (2): 289-297.

[44] 梁晨. 循环流化床预热气化工艺试验研究[D]. 北京: 中国科学院工程热物理研究所, 2019.

[45] Walker P L, Rusinko F, Austin L G. Gas reactions of carbon[J]. Advances in Catalysis, 1959, 11: 133-221.

[46] Kühnemuth D, Normann F, Andersson K, et al. On the carbon monoxide formation in oxy-fuel combustion—Contribution by homogenous and heterogeneous reactions[J]. International Journal of Greenhouse Gas Control, 2014, 25: 33-41.

第 3 章
流化床气化飞灰燃烧技术

作为流化床煤气化工艺的副产品，气化飞灰经历了高温煤气化过程后具有近零挥发分、高着火温度和燃尽温度、粒径超细、反应活性较低等特点，导致其燃烧组织困难、燃尽率低，常规循环流化床燃烧技术或者煤粉燃烧技术难以处置煤气化飞灰。本章主要针对煤气化飞灰性质，提出并研究强化预热循环流化床燃烧技术，通过分析不同因素对气化飞灰的燃烧特性和污染物排放特性的影响特性，掌握超低挥发分气化飞灰在循环流化床中高效燃烧的关键技术，解决流化床煤气化工艺中碳转化率低的关键科学问题，对实现煤气化飞灰等固体废弃物的资源化利用具有重要意义。

3.1 研究物料特性

流化床气化技术具有煤种适应范围广的特点，煤种不同，气化炉的设计和运行不同，尾部排出的煤气化飞灰性质也大不相同。本章根据气化煤种、流化床气化炉工艺等特点，分别选择宁夏循环流化床气化飞灰(以下简称宁夏气化飞灰)、山西加压流化床气化炉气化飞灰(以下简称加压气化飞灰)、宿迁循环流化床气化飞灰(以下简称宿迁气化飞灰)以及聊城循环流化床气化飞灰(以下简称聊城气化飞灰)作为典型样品阐述流化床气化飞灰燃烧技术。加压气化飞灰的工业分析结果为(质量分数)：FC_{ar}=57.71%，V_{ar}=1.55%，A_{ar}=39.24%，其余气化飞灰的工业分析和元素分析结果如第 2 章所示。煤气化飞灰成分分析结果如表 3.1 所示。

表 3.1 煤气化飞灰成分分析(质量分数)　　　　　　　(单位：%)

燃料	SiO_2	Al_2O_3	Fe_2O_3	CaO	MgO	TiO_2	SO_3	P_2O_5	K_2O	Na_2O
宁夏气化飞灰	56.35	19.36	11.01	5.16	2.62	1.91	4.32	1.20	3.04	2.40
加压气化飞灰	31.70	14.25	6.78	38.56	0.90	0.69	0.27	0.46	0.43	0.47
宿迁气化飞灰	45.70	29.93	4.82	7.42	1.24	1.37	5.25	0.21	1.35	0.76
聊城气化飞灰	50.59	18.13	6.80	9.36	2.30	0.81	8.70	0.42	0.98	1.31

对于煤高温气化后的产物，煤气化飞灰的孔隙特性是影响其燃烧特性的关键因素。图 3.1 为宿迁气化飞灰和聊城气化飞灰的氮气吸附/脱附曲线，在相对压力较低($P/P_0 < 0.1$)时，样品的吸附量已经达到一个较大值，之后上升缓慢，呈向上凸的形状；后半段发生急剧上升，直到接近饱和蒸汽压也未呈现出吸附饱和现象。出现这一现象是因为前半段

以单分子层吸附为主，导致起始段上升很快；在单分子层吸附的同时，气化飞灰表面也发生多分子层吸附，待单分子层吸附接近饱和后，中间段以多层吸附为主，吸附增量减小，吸附等温线上升缓慢；后半段由于发生了毛细孔凝聚，吸附量急剧增加，吸附等温线上翘，又由于孔径由小至大没有尽头，由毛细孔凝聚引起的吸附量的增加也就没有尽头，吸附等温线向上翘而不呈现饱和状态。

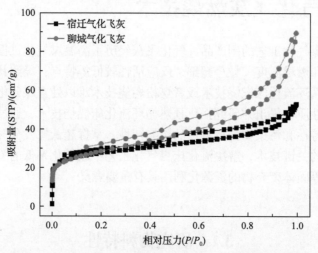

图 3.1　宿迁气化飞灰和聊城气化飞灰氮气吸附/脱附曲线

　　根据 IUPAC[1]对具有不同孔径分布的吸附剂的典型吸附特征做出的分类，两种气化飞灰的吸附等温曲线均呈现第 II 类吸附等温线的特征，表明在气化飞灰表面发生了多层吸附，气化飞灰中的孔以介孔和大孔为主，并且孔径一直增加到没有上限。吸附、脱附分支在宽压力范围内近乎水平且相互平行，属于典型的 H4 型回线，表明气化飞灰中以裂缝形孔为主，且有部分微孔存在。相对于宿迁气化飞灰，茌平气化飞灰中的氮气吸附量上升，比表面积增大。宿迁气化飞灰的 BET 比表面积为 $93.19m^2/g$；聊城气化飞灰的 BET 比表面积为 $120.75m^2/g$。

　　图 3.2 给出了两种气化飞灰的孔分布曲线及比孔容积随孔径的变化曲线，利用氮气吸附法测定微孔范围内的孔径分布存在较大误差，因此利用 BJH 方程对孔径分布进行的计算主要集中在介孔和大孔范围内。从图中可以看出，聊城气化飞灰的孔隙数量和比孔容积均高于宿迁气化飞灰，依据吸附支 BJH 平均孔径和比孔容积，宿迁气化飞灰为 32.278Å 和 $0.1143cm^3/g$，聊城气化飞灰为 38.973Å 和 $0.1690cm^3/g$。聊城气化飞灰的比孔容积为宿迁气化飞灰的 1.48 倍，具有更为发达的孔隙结构，介孔对气化飞灰的比孔容积贡献最大。

　　尽管煤气化飞灰的粒径已经很细，但是由于煤气化过程的特点，针对其不同粒径分布的特征分析是研究提高其燃烧反应性的一个重要角度。以宿迁气化飞灰平均粒径为划分依据，将宿迁气化飞灰具体分为三个粒径范围：包含 50%的切割粒径 d_{50} 在内的 40μm<d<50μm，小于该粒径的 d≤40μm，以及大于该粒径的 d≥50μm。图 3.3 是三种粒径宿迁气化飞灰的体积分布图。由图可知，d≤40μm 的气化飞灰体积分数约为 44%，40μm<d<50μm 的气化飞灰体积分数约为 28%，d≥50μm 的气化飞灰体积分数约为 28%。表 3.2 是三种

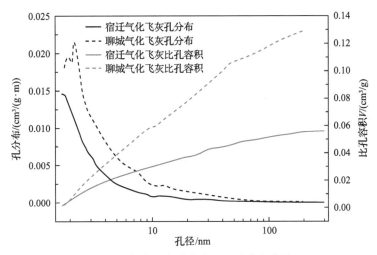

图 3.2　气化飞灰孔分布及比孔容积曲线

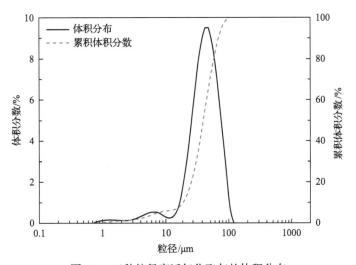

图 3.3　三种粒径宿迁气化飞灰的体积分布

表 3.2　不同粒径宿迁气化飞灰工业分析和元素分析（质量分数）　　（单位：%）

粒径	元素分析					工业分析			
	C_{ar}	H_{ar}	O_{ar}	N_{ar}	S_{ar}	M_{ar}	FC_{ar}	V_{ar}	A_{ar}
$d \leqslant 40\mu m$	38.72	0.24	0	0.34	1.80	0.45	37.55	0.82	61.18
$40\mu m < d < 50\mu m$	57.18	0.36	0	0.46	0.72	0.69	56.45	1.08	41.78
$d \geqslant 50\mu m$	74.20	0.36	0	0.56	0.48	0.66	72.89	1.25	25.20

注：M 表示水分；FC 表示固定碳；V 表示挥发分；A 表示灰分。

不同粒径宿迁气化飞灰的工业分析和元素分析结果。图 3.4 是三种不同粒径宿迁气化飞灰的吸附/脱附曲线。由图可知，三条曲线吸附支均呈现第 II 类吸附等温线特征，脱附支属于 H4 型回线，说明不同粒径气化飞灰的孔隙结构类似，只是孔隙数量上有所差异。随着粒径增大，气化飞灰的吸附量明显增大，比表面积也发生变化。图 3.5 是不同粒径宿迁气化飞灰的孔分布曲线及比孔容积随孔径的变化曲线，随着粒径增大，气化飞灰中孔隙数量和比孔容积均有所增大，其中介孔数量增长较多，大孔数量基本维持不变，介孔在气化飞灰孔隙中占比最大，对比孔容积贡献最大。

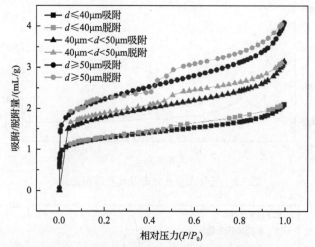

图 3.4　不同粒径宿迁气化飞灰吸附/脱附曲线

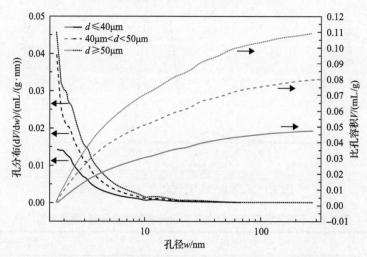

图 3.5　不同粒径宿迁气化飞灰孔分布及比孔容积曲线

依据吸附支可以计算 BJH 平均孔径和比孔容积，表 3.3 是三种粒径的宿迁气化飞灰以及聊城气化飞灰的 BET 比表面积、平均孔径以及比孔容积的计算结果。对比 $d \leqslant 40\mu m$、$40\mu m < d < 50\mu m$、$d \geqslant 50\mu m$ 三种粒径宿迁气化飞灰的比表面积、平均孔径和比孔容积可知，随着粒径增大，气化飞灰的孔隙结构得到改善。对比 $d \geqslant 50\mu m$ 的宿迁气化飞灰和聊城气化飞灰，发现聊城气化飞灰的孔隙结构更为发达，但是其粒径却小于 $d \geqslant 50\mu m$ 的宿迁气化飞灰，这是因为两种气化飞灰所对应的气化原煤种类不同，而且两者的取样位置略有不同，宿迁气化飞灰取自二级旋风分离器之后的中间灰仓，而聊城气化飞灰取自布袋除尘器之后的中间灰仓，因此两种不同气化飞灰的理化特性除受到粒径影响之外，还

跟原煤种类、取样位置等有关系。对于同一种气化飞灰，随着粒径增大，比表面积、平均孔径和比孔容积增大，孔隙结构变得更为发达。

表 3.3 气化飞灰的 BET 比表面积、平均孔径及比孔容积计算结果

样品		BET 比表面积/(m²/g)	平均孔径/Å	比孔容积/(cm³/g)
宿迁气化飞灰	$d \leqslant 40\mu m$	65.84	29.619	0.0731
	$40\mu m < d < 50\mu m$	92.64	31.480	0.1094
	$d \geqslant 50\mu m$	115.61	32.715	0.1418
聊城气化飞灰		120.75	38.973	0.1690

3.2 热重燃烧特性

热分析技术是在程序温度控制下研究各种材料的热分解过程和反应动力学问题，是一种十分重要的分析测试方法，本节通过热分析技术对煤气化飞灰的燃烧特性进行试验研究。宁夏气化飞灰的热重(TG-DTG)分析结果如图 3.6 所示。宁夏气化飞灰的着火温度为 569℃，燃尽温度为 682℃[2]。气化原煤石沟驿煤在气化过程中，反应活性较高的物质首先反应，残留在气化飞灰中的物质反应活性较低，着火温度较高。在此基础上，进一步考察宿迁和聊城气化原煤、气化飞灰燃烧特性差异。图 3.7 是四种样品在不同升温速率下的着火温度。随着升温速率增大，宿迁气化飞灰和聊城气化飞灰的着火温度都明显升高；宿迁气化原煤和聊城气化原煤的着火温度随升温速率变化不大。主要是因为气化飞灰属于劣质燃料，其着火温度受升温速率影响较大。在同样的升温速率下，宿迁气化飞灰的着火温度均高于聊城气化飞灰；而宿迁气化原煤和聊城气化原煤着火温度比较接近。两种原煤的着火特性比较接近，而两种气化飞灰的着火特性相差较大，说明两种气化飞灰在形成过程中经历的操作条件不同导致两者的着火特性不同。宿迁气化飞灰的碳

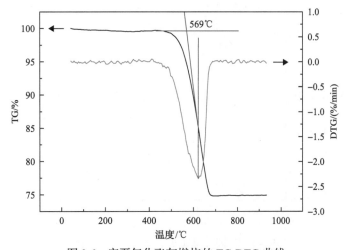

图 3.6 宁夏气化飞灰燃烧的 TG-DTG 曲线

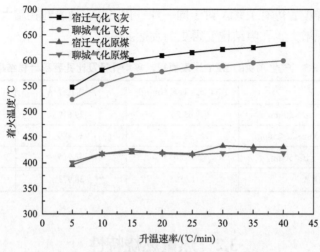

图 3.7　不同升温速率下样品的着火温度

含量低于茌平气化飞灰，灰分含量高于聊城气化飞灰，因此其更难以着火燃烧，着火温度也更高。

　　图 3.8 是不同升温速率下四种样品的可燃系数（C_b）。由图可知，两种原煤之间可燃系数差别不大，两种气化飞灰之间可燃系数的差别也不明显。但是在相同的升温速率下，两种原煤的可燃系数明显高于对应的气化飞灰；随着升温速率增大，四种样品的可燃系数均增大，因此提高升温速率有助于改善样品的可燃性。原煤可燃系数随升温速率变化曲线的斜率大于气化飞灰可燃系数随升温速率变化曲线的斜率，说明原煤可燃性对升温速率的变化更敏感。图 3.9 是不同升温速率下四种样品的稳燃系数（C_g）。由图可知，四种样品的稳燃系数均随升温速率的增大而增大；原煤的稳燃系数明显高于气化飞灰。四种样品的可燃系数与稳燃系数变化趋势基本一致，提高升温速率有助于改善样品的稳燃性。

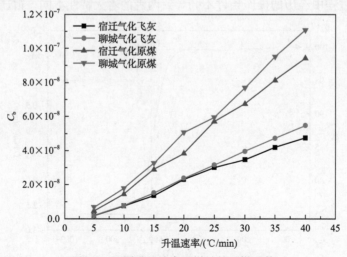

图 3.8　不同升温速率下样品的可燃系数

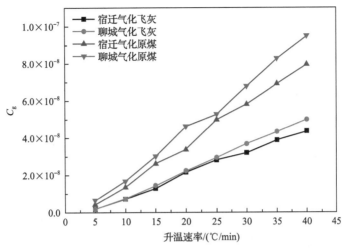

图 3.9　不同升温速率下样品的稳燃系数

　　图 3.10 是不同升温速率下四种样品的综合燃烧系数(S_n)，四种样品的综合燃烧系数随升温速率的增大先增大，然后趋于平缓；相同的升温速率下，原煤的综合燃烧特性明显优于气化飞灰，其中聊城气化原煤的综合燃烧特性最好，宿迁气化原煤次之，然后是聊城气化飞灰，宿迁气化飞灰最差。综合燃烧特性好的原煤对应的气化飞灰的综合燃烧特性较好，综合燃烧特性差的原煤对应的气化飞灰的综合燃烧特性较差，可燃系数、稳燃系数亦是如此。图 3.11 是不同升温速率下四种样品的燃尽系数(H_j)。由图可知，原煤的燃尽系数高于气化飞灰；随着升温速率增大，原煤的燃尽系数变化不是很规律，气化飞灰的燃尽系数则先上升后略有下降；整体来看，聊城气化飞灰和聊城气化原煤的燃尽性要优于宿迁气化飞灰和宿迁气化原煤。

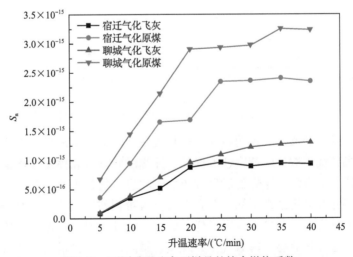

图 3.10　不同升温速率下样品的综合燃烧系数

　　图 3.12 是不同升温速率下四种样品的表观活化能(E_n)变化情况。对于原煤，随着升温速率增大，表观活化能减小；而对于气化飞灰，随着升温速率增大，其表观活化能先

增大后减小，在升温速率为 15℃/min 时达到最大值；相同的升温速率下，原煤的表观活化能远小于气化飞灰。

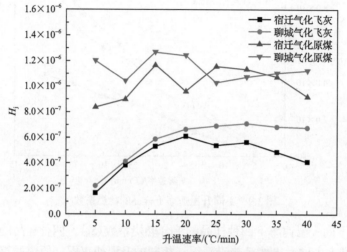

图 3.11　不同升温速率下样品的燃尽系数

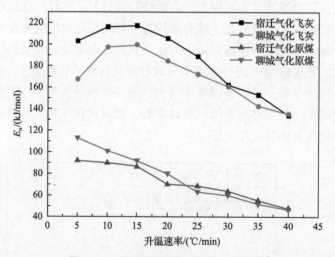

图 3.12　不同升温速率下样品的表观活化能

综上所述，原煤的燃烧表现明显强于气化飞灰，而取自山东聊城的气化原煤和气化飞灰的燃烧效果要优于取自江苏宿迁的样品。原煤的碳含量和挥发分含量均高于相应的气化飞灰，高位热值也高，原煤的燃烧效果优于相应的气化飞灰。对比两种不同来源原煤的工业分析和元素分析结果可知，两者挥发分含量相差不大，而挥发分又是样品升温过程中最先着火燃烧的，其含量决定了样品的着火特性，因此两种原煤的着火温度相差不大。相对于宿迁气化原煤，聊城气化原煤碳含量高，灰分含量低，热值高，所以其燃烧特性强于宿迁气化原煤，但两者整体差别不是很大。相对于原煤，气化飞灰经历了高温煤气化过程，挥发分析出，部分煤气化，部分熔融，碳含量低，灰分含量高，几乎不含挥发分，属于劣质燃料，所以其燃烧特性明显比原煤差。对比两种气化飞灰，聊城气化飞灰碳含量和挥发分含量高，灰分含量低，热值高，而且粒度更小，孔隙结构更发达，比表面积也更大，所以在相同条件下，聊城气化飞灰具有比宿迁气化飞灰更好的燃烧效果。

图 3.13 是三种不同粒径宿迁气化飞灰的着火温度随升温速率的变化曲线,由图可知,三种粒径宿迁气化飞灰的着火温度相差不大，均随升温速率增大而提高。其中，$d \leqslant 40\mu m$ 的宿迁气化飞灰由于粒径小、受热升温快，在相同的升温速率下着火温度最低；而粒径介于 $40 \sim 50\mu m$ 和粒径大于等于 $50\mu m$ 的宿迁气化飞灰在升温速率较低时着火温度相差不大,升温速率增大时,粒径大于等于 $50\mu m$ 的宿迁气化飞灰着火温度低于粒径 $40 \sim 50\mu m$ 的宿迁气化飞灰，这是因为粒径大于等于 $50\mu m$ 的宿迁气化飞灰具有更高的碳含量和更为发达的孔隙结构，碳含量高使得颗粒表面达到着火条件的位点多，从而容易着火，着火温度低于粒径 $40 \sim 50\mu m$ 的宿迁气化飞灰。图 3.14 是不同粒径宿迁气化飞灰在不同升

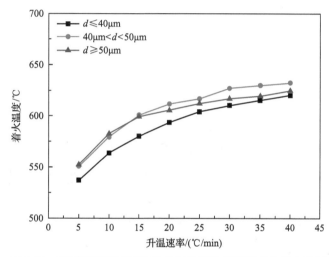

图 3.13　不同粒径宿迁气化飞灰在不同升温速率下的着火温度

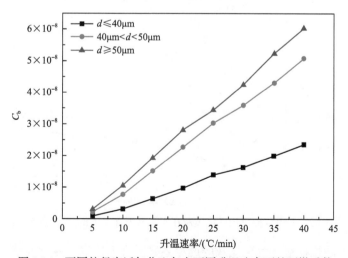

图 3.14　不同粒径宿迁气化飞灰在不同升温速率下的可燃系数

温速率下的可燃系数。由图可知，随着升温速率增大，三者可燃系数大致呈线性增大趋势；在同一升温速率下，随着粒径增大可燃系数逐步增大。与 $d \leqslant 40\mu m$ 相比，$40\mu m < d < 50\mu m$ 与 $d \geqslant 50\mu m$ 的可燃系数差距较小。

图 3.15 是不同粒径宿迁气化飞灰在不同升温速率下的稳燃系数。由图可知，三种粒径的宿迁气化飞灰的稳燃系数与可燃系数存在类似的变化趋势。图 3.16 是不同粒径宿迁气化飞灰在不同升温速率下的综合燃烧系数。随着粒径增大，宿迁气化飞灰的综合燃烧系数上升，这主要是因为随着粒径增大，宿迁气化飞灰的碳含量增大，孔隙结构也更为发达，所以综合燃烧特性得到改善。随着升温速率增大，宿迁气化飞灰的综合燃烧系数整体呈现上升趋势，但是在较高的升温速率下，这种上升趋势明显减缓。

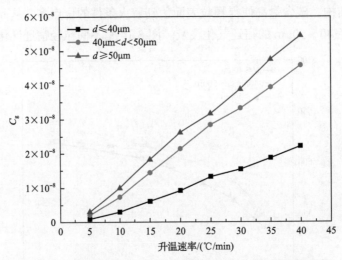

图 3.15 不同粒径宿迁气化飞灰在不同升温速率下的稳燃系数

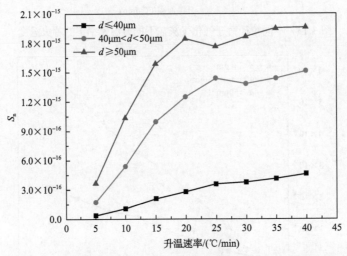

图 3.16 不同粒径宿迁气化飞灰在不同升温速率下的综合燃烧系数

图 3.17 是不同粒径宿迁气化飞灰的燃尽系数随升温速率的变化曲线。由图可知，随着升温速率提高，宿迁气化飞灰的燃尽系数明显改善。相同升温速率下，粒径 $d > 40\mu m$

的两组宿迁气化飞灰的燃尽系数明显大于$d \leqslant 40\mu m$的宿迁气化飞灰,因为随着粒径增大,宿迁气化飞灰颗粒孔隙结构变得更为发达,其燃烧和燃尽效果也得到改善。图 3.18 是不同粒径宿迁气化飞灰表观活化能随升温速率的变化曲线。由图可知,$d \leqslant 40\mu m$的宿迁气化飞灰表观活化能受升温速率影响不大,表观活化能稳定在 160～180kJ/mol,主要原因是$d \leqslant 40\mu m$的宿迁气化飞灰灰分含量高,碳含量低,使得其对升温速率的影响不敏感;$d > 40\mu m$的宿迁气化飞灰表观活化能随升温速率增大呈先上升后下降的趋势,提高升温速率有助于$d > 40\mu m$的宿迁气化飞灰着火燃烧。

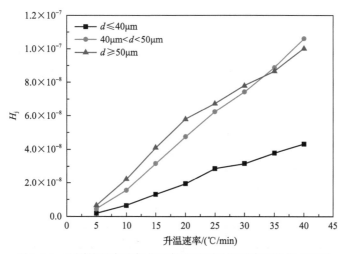

图 3.17　不同粒径宿迁气化飞灰在不同升温速率下的燃尽系数

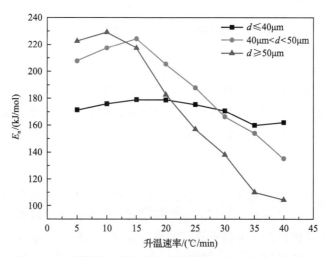

图 3.18　不同粒径气化飞灰在不同升温速率下的表观活化能

3.3　强化预热特性

宿迁气化飞灰及茌平气化飞灰中试燃烧效率与炉膛停留时间关系如表 3.4 和表 3.5

所示。料腿预热时间主要由料腿给料方式及助燃风风量/份额确定。由此可见,助燃风份额是气化飞灰预热燃烧的关键参数,适宜的助燃风份额实现了气化飞灰在料腿内的预热燃烧,提高了气化飞灰的预热燃烧强度,将循环流化床燃烧温度的高温点向气化飞灰的给料点下移,进而在较低的炉膛高度下实现气化飞灰的燃尽。

表 3.4　宿迁气化飞灰中试燃烧效率与炉膛停留时间

炉膛燃尽时间/s	料腿预热时间/s	炉膛停留时间/s	预热时间份额/%	燃烧效率/%
1.91	1.06	2.97	34	86.18
2.55	1.39	3.94	35	97.73
2.55	1.77	4.32	41	98.02
2.83	1.19	4.02	30	98.28
3.44	1.04	4.48	23	98.64
3.94	1.05	4.99	21	98.64

表 3.5　茌平气化飞灰中试燃烧效率与炉膛停留时间

炉膛燃尽时间/s	料腿预热时间/s	炉膛停留时间/s	预热时间份额/%	燃烧效率/%
3.87	2.47	6.33	39	99.62
4.02	1.78	5.81	31	99.65
4.36	2.49	6.85	36	99.69
5.31	2.92	8.22	35	99.75

3.4　循环流化床燃烧特性

循环流化床燃烧技术是在最近 30 年内快速发展起来的先进能源利用技术,具备燃料适应范围广、环保性能好、负荷调节范围大等优点。但是针对超细粒径、超低挥发分的煤气化飞灰,其在循环流化床内的流化特性和燃烧组织是一个未知难题,本节重点研究气化飞灰循环流化床燃烧的主要影响因素。

3.4.1　小试研究

首先在 15kW 循环流化床小试试验台上,以宁夏气化飞灰为研究对象,开展煤气化飞灰燃烧特性研究。小试研究主要目的是考察煤气化飞灰是否可以不添加辅助燃料实现稳定运行。循环流化床试验台由提升管、旋风分离器、返料器、烟气冷却器和取灰装置等组成,试验系统如图 3.19 所示。循环流化床小试试验台提升管内径为 ϕ100mm,高度为 1500mm。

宁夏气化飞灰在循环流化床燃烧过程中,可实现在 900～930℃稳定运行,温度分布非常均匀。图 3.20 为循环流化床连续运行温度水平,图 3.21 为典型工况的温度分布。

炉膛过量空气系数、炉膛温度及二次风率是循环流化床燃烧特性的主要影响因素。由表 3.6 可知,过量空气系数由 1.10 增加至 1.40 时,煤气化飞灰循环流化床燃烧后的飞灰碳含量显著降低。在保证高温的前提下，提高过量空气系数比提高温度对降低飞灰碳含量显得更为有效。由表 3.7 可知，二次风率由 40%增加至 55%时，飞灰碳含量明显降低。提高二次风率有助于改善气化飞灰的燃烧。在过量空气系数为 1.40 时，研究炉膛温度对飞灰碳含量的影响，结果如图 3.22 所示，提高炉膛温度有利于提高气化飞灰的燃尽率。

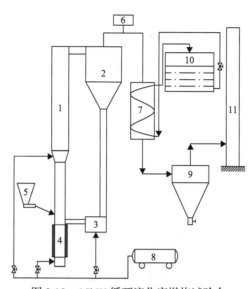

图 3.19　15kW 循环流化床燃烧试验台

1.炉膛；2.旋风分离器；3.返料器；4.电炉丝加热系统；5.给料机；6.烟气分析仪；7.烟气冷却器；
8.空气压缩机；9.布袋除尘器；10.冷却水箱；11.烟囱

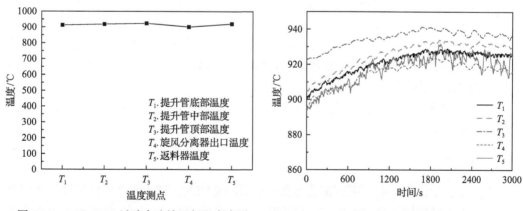

图 3.20　15kW CFB 试验台连续运行温度水平　　　　图 3.21　炉膛温度分布

表 3.6　15kW 循环流化床不同过量空气系数下的飞灰碳含量　　（单位：%）

过量空气系数	炉膛密相区温度	
	880℃	925℃
1.10	9.81	7.72
1.40	1.14	0.79

表 3.7　15kW 循环流化床二次风率对飞灰碳含量的影响

二次风率/%	飞灰碳含量/%
40	9.22
55	1.55

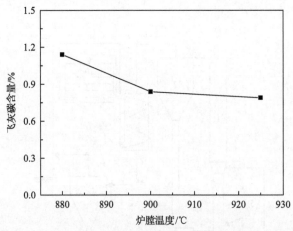

图 3.22　15kW 循环流化床炉膛温度对飞灰碳含量的影响

小试试验可实现宁夏气化飞灰在 900～930℃的稳定燃烧，在炉膛温度达到 900℃时加入气化飞灰，由于气化飞灰较细，加入后有效地加大了炉膛上部的燃烧份额，改善了气化飞灰沿炉膛的燃烧，组织好悬浮段的燃烧对于提高细颗粒的燃尽度影响很大。试验发现，提高过量空气系数、温度与二次风率有助于降低飞灰碳含量，改善气化飞灰在循环流化床内的燃烧。在 15kW 循环流化床燃烧试验台上，初步掌握了气化飞灰循环流化床着火、稳燃特性，结论如下。

气化飞灰可以在循环流化床内稳定燃烧，建立稳定的物料循环，炉膛及返料器内的烟气温度分布稳定、均匀；旋风分离器和返料器烟气温度高于炉膛，气化飞灰在循环流化床燃烧时存在后燃现象。

提高炉膛温度（＞900℃）、提高过量空气系数、提高二次风率有助于改善气化飞灰的燃烧，降低飞灰碳含量。

3.4.2　中试研究

在热重分析仪及 15kW 循环流化床试验台试验基础上，进一步在中试尺度循环流化床燃烧平台上开展煤气化飞灰燃烧特性研究，对于考察煤气化飞灰燃烧效率及污染物排放具有重要的意义。本节主要在 5t/d 循环流化床中试平台上开展煤气化飞灰燃烧特性研究。5t/d 循环流化床中试平台本体由炉膛、旋风分离器、返料器、尾部烟道等单元组成，示意图如图 3.23 所示。

气化飞灰是一种超细粒径燃料，其在循环流化床燃烧中的一个关键问题是物料正常循环。这涉及两个参数的选择，一是床料粒径的选择；二是旋风分离器的设计。循环流化床锅炉燃烧粒径为 0～8mm 的煤，运行过程中选择宽筛分床料。但对于气化飞灰，情

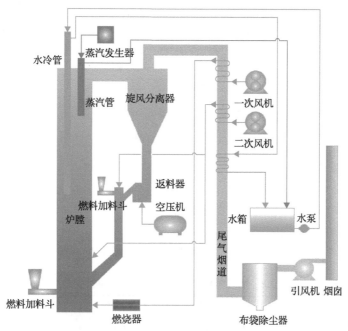

图 3.23　5t/d 中试平台系统示意图

况有所不同，在试验中发现，为了保证低流速下正常的物料循环，床料粒径选择 0.5mm 以下，可以有效加强循环，加强气化飞灰的携带量，强化气化飞灰在料腿的预热，达到稳定燃烧与燃尽的目的。

提高气化飞灰循环流化床燃烧效率主要在于超细粒径细粉灰的燃尽，这无疑大大增加了燃烧组织的难度。根据宿迁气化飞灰、茌平气化飞灰以及加压气化飞灰中试结果，气化飞灰颗粒在循环流化床中燃烧所需的总时间由两部分组成：①由室温加热至着火温度所需的预热时间；②由着火至燃尽所需的燃尽时间。气化飞灰的活性差、着火温度高，经过理论计算，宿迁气化飞灰的预热时间占总燃烧时间约 12%，另两种气化飞灰也占到 10%以上。

中试给料方式选择在料腿加入气化飞灰，使燃料与高温的循环灰充分掺混，并布置适当的助燃风风量，气化飞灰在炉膛外（料腿内）完成了室温至着火温度的预热，在炉膛高度不改变的前提下，将炉内预热时间移至料腿内完成，延长了气化飞灰在炉膛的燃尽时间，从而获得了着火所需的高温条件和燃尽所需的足够的炉内停留时间，从而可稳定高效地燃用超低挥发分的超细燃料。炉膛停留时间为料腿内的预热时间与燃尽时间之和，如图 3.24 所示。

本节选择宿迁气化飞灰、茌平气化飞灰和加压气化飞灰三种性质差别较大的气化飞灰为燃料，通过开展循环流化床中试燃烧试验，考察了气化飞灰的燃烧特性及燃尽特性，重点研究了提高气化飞灰燃烧效率的方法。

1. 宿迁气化飞灰循环流化床燃烧试验

宿迁气化飞灰循环流化床燃烧试验过程返料正常，证明宿迁气化飞灰可以组织正常的燃烧。宿迁气化飞灰燃烧试验工况运行参数见表3.8。

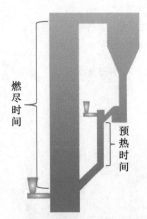

图3.24 气化飞灰燃烧过程炉膛停留时间分布

表3.8 宿迁气化飞灰燃烧试验工况运行参数

参数	工况一	工况二	工况三	工况四	工况五
炉膛温度/℃	1047	1053	1039	1045	1034
排烟温度/℃	148	136	127	113	102
二次风率/%	54	55	51	38	44
助燃风份额/%	39	30	53	100	100
过量空气系数	1.28	1.35	1.35	1.28	1.28

工况一主要参数：炉膛底部温度1028℃，返料器温度1015℃，宿迁气化飞灰在料腿内实现了高温预热及部分燃烧,达到了从料腿加入宿迁气化飞灰以实现预热燃烧的目的。降低助燃风份额，料腿温度会降低，炉膛温度降低；增加助燃风份额，料腿温度会显著升高，炉膛温度升高。由此可见，助燃风份额是宿迁气化飞灰预热燃烧的关键参数，适宜的助燃风份额实现了气化飞灰在料腿内的预热燃烧，提高了宿迁气化飞灰的预热燃烧强度，将循环流化床燃烧温度的高温点向气化飞灰的给料点下移。

在完成工况一之后，通过调整炉膛二次风高度与份额，在一次风、二次风风量不变的条件下，考察二次风位置对宿迁气化飞灰燃烧效率的影响。与工况一相比，工况二的燃料给入量、风量及返料器出口料腿温度相同，但炉膛底部温度和炉膛中部温度升高了20℃，炉膛上部压差由570Pa升高至890Pa。由此可见，在宿迁气化飞灰燃烧过程中，二次风口的位置对于宿迁气化飞灰燃烧的优化至关重要。二次风的分级加入，使宿迁气化飞灰在炉膛内的燃烧过程延长，改善了宿迁气化飞灰的燃烧条件，炉膛温度升高。

通过调整二次风的风量降低炉膛流化速度，在较低炉膛流化速度的条件下，考察宿迁气化飞灰的燃烧效率。与工况二相比，工况三通过降低二次风风量和燃料量，降低了炉膛流化速度，循环流化床系统的循环量降低。

与工况三相比，工况四降低了二次风风量和燃料量，通过调整助燃风风量，使助燃风份额达到100%，控制料腿温度维持不变，炉膛中部和底部温度变化不大，但是炉膛顶部温度下降了 12℃，这主要是炉膛流化速度降低，循环量降低所导致的。

与工况四相比，工况五降低了一次风风量和燃料量，二次风风量维持不变，炉膛流化速度降低，循环量大幅降低。

五个工况下飞灰样品的飞灰碳含量检测结果及计算燃烧效率见表 3.9。气化飞灰燃烧过程中 CO 排放体积浓度稳定在 3～6ppm[①]，烟气中氧气体积浓度稳定在 4.6%～5.5%，宿迁气化飞灰实现了充分燃烧。燃烧效率最高达到 98.64%，通过燃烧参数优化，实现了不添加辅助燃料气化飞灰高效燃烧。

表 3.9　宿迁气化飞灰样品的飞灰碳含量及中试平台计算燃烧效率

工况	飞灰碳含量/%	固体未完全燃烧热损失 q_4/%	燃烧效率 η/%
一	1.48	2.22	97.73
二	1.29	1.93	98.02
三	1.12	1.67	98.28
四	0.88	1.31	98.64
五	0.88	1.31	98.64

试验过程各工况炉膛停留时间如表 3.10 所示。与热态调试相比，本次试验过程中炉膛停留时间增加了 33%～68%。尽管热态调试料腿预热时间与试验工况相差不大，达到了宿迁气化飞灰预热的效果，但是炉膛停留时间短，导致燃尽率低。

表 3.10　宿迁气化飞灰燃烧炉膛停留时间比较

工况	炉膛燃尽时间/s	料腿预热时间/s	炉膛停留时间/s	预热时间份额/%
一	2.55	1.39	3.94	35
二	2.55	1.77	4.32	41
三	2.83	1.19	4.02	30
四	3.44	1.04	4.48	23
五	3.94	1.05	4.99	21

在低负荷运行过程中，随着负荷降低，预热时间份额逐渐降低(但是均超过理论计算12%份额)，宿迁气化飞灰的燃烧效率提高。对比工况四和工况五可知，宿迁气化飞灰料腿预热时间为约 1s 时，炉膛燃尽时间再增加，燃烧效率却没有改变。

2. 茌平气化飞灰循环流化床燃烧试验

茌平气化飞灰的燃烧试验实际完成的试验工况运行参数如表 3.11 所示。茌平气化飞灰在中试平台中燃烧稳定，温度分布均匀。各工况下沿炉膛高度温度的分布较均匀。

① ppm 表示 10^{-6}。

表3.11 茌平气化飞灰中试工况运行参数

参数	工况一	工况二	工况三	工况四
炉膛温度/℃	982	991	969	996
二次风率/%	49	49	48	48
预热助燃风风量(料腿)/(m³/h)	90	126	90	75
助燃风份额/%	38	56	43	45
过量空气系数	1.52	1.53	1.56	1.51

工况一主要参数：炉膛顶部温度979℃。茌平气化飞灰在料腿内实现了高温预热及部分燃烧，这与宿迁气化飞灰预热特性一致。试验过程中茌平气化飞灰燃烧非常稳定，返料器温度稳定，炉膛密相区及稀相区压力保持不变。

完成工况一之后，在一次风风量和二次风风量不变的条件下，提高二次助燃风风量，考察助燃风份额对茌平气化飞灰燃烧效率的影响。与工况一相比，工况二将助燃风份额由38%提高至56%，炉膛密相区温度(950℃)比料腿温度(926℃)高，这与宿迁气化飞灰相似，增加助燃风份额，料腿温度会显著升高，炉膛温度升高，在料腿内实现了高温预热及部分燃烧。

与工况二相比，工况三通过减小一次风风量和二次风风量和燃料量，优化调整助燃风风量，控制料腿温度维持不变，炉膛温度和返料器温度平稳，炉膛压力没有明显波动，茌平气化飞灰燃烧稳定。

与工况三相比，工况四进一步减小一次风、二次风风量和燃料量，炉膛温度变化不明显，炉膛顶部温度下降了8℃，但是返料器温度由878℃降低为834℃，说明对于茌平气化飞灰，炉膛流化速度降低，循环量明显降低，但还可以维持正常的物料循环，炉膛及返料器温度稳定，炉膛压力曲线稳定。茌平气化飞灰从料腿加入，仍可实现在料腿内的预热及部分燃烧。

四种工况下飞灰样品的飞灰碳含量检测结果及计算燃烧效率见表3.12。茌平气化飞灰燃烧过程中CO排放值稳定在30ppm，烟气中氧气体积浓度稳定在7.1%～7.5%，茌平气化飞灰实现了循环流化床的充分燃烧。对茌平气化飞灰而言，燃烧效率均超过99.6%。

表3.12 茌平气化飞灰样品的飞灰碳含量和中试平台计算燃烧效率

工况	飞灰碳含量/%	固体未完全燃烧热损失 q_4/%	计算燃烧效率 η/%
一	0.73	0.37	99.62
二	0.66	0.33	99.65
三	0.59	0.30	99.69
四	0.47	0.24	99.75

试验过程中各工况燃烧炉膛停留时间如表3.13所示。通过优化预热段停留时间，茌平气化飞灰料腿停留时间和炉膛燃尽时间大大延长，弥补了燃烧温度偏低的问题，实现了有效的燃尽。

表 3.13　荏平气化飞灰中试平台燃烧炉膛停留时间

工况	炉膛燃尽时间/s	料腿预热时间/s	炉膛停留时间/s	预热时间份额/%
一	3.87	2.47	6.33	39
二	4.02	1.78	5.81	31
三	4.36	2.49	6.85	36
四	5.31	2.92	8.22	35

荏平气化飞灰料腿预热时间约为 1.78s，炉膛燃尽时间约为 4.02s，炉膛停留时间约为 5.81s 时，荏平气化飞灰燃烧效率大于 99%。对比宿迁气化飞灰，荏平气化飞灰预热时间更长（增加 80%），预热时间份额为 30% 以上时，可以保证燃尽。

荏平气化飞灰燃烧后的飞灰粒径参数见表 3.14。荏平气化飞灰燃烧试验过程中，各工况飞灰的粒径变化不大，d_{50} 为 $(10.9\pm0.5)\mu m$、d_{90} 为 $(32\pm2)\mu m$。说明旋风分离器入口速度为 $20\sim30m/s$ 时，均能保证荏平气化飞灰的分离效率。宿迁气化飞灰燃烧后飞灰粒径 d_{50} 为 $17\sim18\mu m$，d_{90} 为 $46\mu m$。荏平气化飞灰粒径更细，其分离效率显著提升，进而提高了燃烧效率。

表 3.14　荏平气化飞灰燃烧后飞灰粒径　　　　　（单位：μm）

粒径	工况一	工况二	工况三	工况四
d_{50}	11.48	11.14	10.48	10.34
d_{90}	34.04	30.98	30.89	29.10

3. 加压流化床气化飞灰循环流化床燃烧试验

以中国科学院山西煤炭化学研究所多段分级转化流化床气化炉产生的气化飞灰（简称加压气化飞灰）为燃料，在中试平台上进行试验研究，通过试验，掌握加压气化飞灰循环流化床的燃烧特性及燃尽特性，为实现加压煤气化炉气化飞灰的循环流化床再燃利用提供基础数据。试验工况如表 3.15 所示。

表 3.15　加压气化飞灰燃烧试验工况运行参数

参数	工况一	工况二	工况三
炉膛温度/℃	902	933	944
排烟温度/℃	139	146	146
二次风率/℃	51	52	52
预热助燃风风量（料腿）/(m³/h)	125	78	187
预热助燃风份额/%	43	27	65
过量空气系数	1.58	1.60	1.56

与宿迁及荏平气化飞灰相比，加压气化飞灰在预热单元同样实现了高温预热及部分燃烧。宿迁及荏平气化飞灰着火温度高于 900℃，在 950℃ 可以实现稳定燃烧。而本次试

验的加压气化飞灰在炉膛温度为 850~900℃时，可以稳定燃烧，且没有出现因炉膛蓄热未完成所产生的炉膛温度缓慢上升的现象。由气化飞灰的特性分析可知，本次试验的加压气化飞灰含有一定的挥发分，活性比宿迁及茌平气化飞灰好，着火温度较低。

与工况一相比，工况二提高炉膛温度后，炉膛温度更加平稳，将炉膛温度提高至 900~930℃，沿炉膛高度的炉膛温度差别更小，可以显著改善气化飞灰的燃烧稳定性。

工况三继续提高炉膛温度，炉膛最高温度达到 950℃。提高气化飞灰的燃烧温度，可以显著改善气化飞灰的燃烧稳定性。

三个工况下飞灰样品的飞灰碳含量检测结果及计算燃烧效率如表 3.16 所示。气化飞灰燃烧过程中 CO 排放浓度稳定在 20ppm，烟气中氧气浓度稳定在 7%，加压气化飞灰实现了充分燃烧。当炉膛最高温度为 900℃时，加压气化飞灰的燃烧效率达到 96.90%。当炉膛最高温度为 950℃时，加压气化飞灰的燃烧效率达到 98.50%。

表 3.16　加压气化飞灰碳含量和中试平台计算燃烧效率

工况	飞灰碳含量/%	固体未完全燃烧热损失 q_4/%	燃烧效率 η/%
一	4.53	3.10	96.90
二	2.48	1.70	98.30
三	2.13	1.50	98.50

3.5　污染物排放特性

3.5.1　氮硫转化特性研究

燃料燃烧过程中硫氧化物、氮氧化物的排放是环境污染的重要原因之一，在环境问题日益严峻的今天，通过改进燃烧技术和对燃料进行预处理来降低燃烧过程中污染物的排放显得尤为重要。气化飞灰作为流化床煤气化的副产物，碳含量较高，对其进行燃烧利用有助于提高煤炭的整体利用率，然而气化飞灰中硫元素和氮元素含量均高于相应的原煤，燃烧利用过程中硫氧化物、氮氧化物排放不容忽视。气化飞灰经历了高温煤气化过程，其中的硫氮元素赋存形态与原煤存在差异，在后期燃烧过程中的释放规律也与原煤不同，因此为了更好地控制气化飞灰燃烧过程中硫氧化物、氮氧化物的排放，有必要研究气化飞灰中硫氮元素的转化情况。

利用 XPS 对宿迁及聊城气化原煤、气化飞灰进行硫氮元素结合能的测试，分峰对比硫元素、氮元素的赋存形态和不同形态之间的含量关系；利用热重-质谱联用仪 (TG-MS) 考察样品在燃烧过程中硫氧化物、氮氧化物的排放情况。综合比较 XPS 和 TG-MS 测试结果，阐述气化飞灰形成和燃烧过程中的硫氮元素转化规律。流化床煤气化工业装置在正常运行过程中，底渣排量很少，相对于入炉原煤量几乎可以忽略不计，因此由流化床煤气化工艺原理可知，流化床煤气化过程煤中的硫元素和氮元素一部分析出到气相，剩余的部分则转移到气化飞灰中。

样品来源的两台循环流化床煤气化炉的型号一致，正常运行期间的气化当量相近，根据循环流化床煤气化炉运行的现场数据，每小时的入炉原煤量维持在 15t 左右，而气化飞灰的产出量则约为 3t。宿迁气化原煤在气化过程中，硫元素的析出率为 34%，剩余 66%转移到宿迁气化飞灰中，氮元素的析出率为 94%，剩余 6%转移到宿迁气化飞灰中；聊城气化原煤在气化过程中，硫元素的析出率为 55%，剩余 45%转移到聊城气化飞灰中，氮元素的析出率为 92%，剩余 8%转移到聊城气化飞灰中。虽然只有一小部分氮元素转移到气化飞灰中，但是因为其产量相对于入炉原煤量较少，所以气化飞灰中的氮元素含量仍然高于对应的原煤。

图 3.25 是四种样品中硫元素的 XPS 测试结果，图中横坐标为硫元素的结合能，纵坐标为信号强度。结合能(164.3±1.3)eV 对应的硫元素为硫化物硫，结合能(165.1±1.3)eV 对应的硫元素为噻吩类硫，结合能(166.0±1.3)eV 对应的硫元素为亚砜类硫，结合能(168.4±1.3)eV 对应的硫元素为砜类硫，结合能更高的 169～171eV 范围内则主要是硫酸盐硫[3,4]。

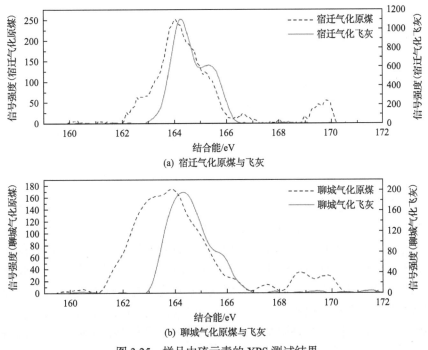

图 3.25　样品中硫元素的 XPS 测试结果

由图可知，气化飞灰中硫化物硫的信号强度低于相应的气化原煤，噻吩类硫和亚砜类硫的信号强度略高于相应的气化原煤；气化飞灰中砜类硫和硫酸盐硫信号强度基本为零。说明在循环流化床煤气化过程中，煤中的硫化物因受热分解而减少，噻吩和亚砜含量增大，砜类硫和硫酸盐硫则不存在于气化飞灰中。

图 3.26 是一定质量的煤与对应产量的气化飞灰中各形态硫元素含量的比例图。比较两组气化原煤与气化飞灰中硫元素赋存形态可知，气化飞灰中的硫元素以噻吩和亚砜的形式存在，而煤中含有气化飞灰中不存在的硫化物和硫酸盐。硫化物硫化学性质较为活

泼，在惰性气氛下温度较低时便开始分解，硫铁矿在 300℃左右就可以分解，其反应方

程式为 $FeS_2 \xrightarrow{300℃} FeS+S$，反应生成的硫既可以与氢结合而释放到环境中，也可以与

原煤中新生成的活性位点结合而滞留在有机质中[5,6]。煤中硫元素经历煤气化过程，稳定
性较强的噻吩类硫和亚砜类硫的比例增大，这是因为气化原煤中的含硫化合物内部存在
相互转化。循环流化床煤气化炉蓄热量大，煤入炉后迅速升温至反应温度，煤中低结合
能的含硫化合物受热分解，在向外扩散的过程中与周围有机质结合形成更稳定的含硫化
合物；煤在循环流化床炉膛内停留时间短，在尚未使更稳定的含硫化合物分解前，部分
煤气化的细颗粒煤从第二级旋风分离器分离出来，这与文献[7]中报道的 600℃以上煤中
有机硫以内部转化为主的结论相一致。

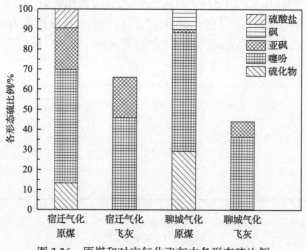

图 3.26　原煤和对应气化飞灰中各形态硫比例

在 O_2/Ar 气氛的燃烧工况中，气化原煤及气化飞灰中的硫与氧气剧烈反应生成 SO_2。
表 3.17 列出了部分噻吩及硫酸盐纯化合物燃烧时 SO_2 释放时的峰值温度[8]。煤中含有多种
硫化物，SO_2 在 250~300℃开始释放，在 400℃左右达到峰值，在 600℃左右释放完全。气
化飞灰燃烧时，SO_2 在 300~400℃开始释放，在 600℃左右达到峰值，700~800℃左右释
放完全。与煤相比，气化飞灰燃烧的 SO_2 释放温度范围较宽，峰值变小，这是因为气化飞
灰中含量较高的噻吩和亚砜比较稳定，导致燃烧分解温度升高。曲线在 500℃左右出现转
折点，原因是气化飞灰中的噻吩种类不同，不同结构的噻吩燃烧温度及 SO_2 释放温度不同。

表 3.17　含硫化合物燃烧 SO_2 释放量最大时的温度[8]

含硫化合物	样品	温度/℃
噻吩	聚噻吩	450
	聚二苯并噻吩(格氏)	540
	聚二苯并噻吩(氯化铝)	540
	聚(噻吩-四氢噻吩)	300/475
	聚(噻吩-苯)	540
硫酸盐	硫酸亚铁	620

　　比较两种气化原煤以及气化飞灰燃烧的 SO_2 释放曲线，如图 3.27 所示。可以看出，宿迁气化飞灰的 SO_2 释放量和释放峰值均高于聊城气化飞灰；宿迁煤气化原煤的 SO_2 释放量和释放峰值也均高于聊城气化原煤。这主要是因为两种不同来源的样品中硫元素含量不同，宿迁气化飞灰和宿迁气化原煤中的硫含量均高于聊城气化飞灰和聊城气化原煤。

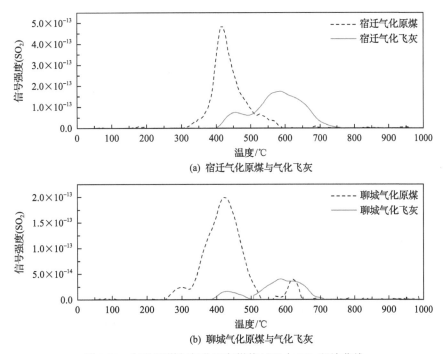

图 3.27　气化原煤与气化飞灰燃烧过程中 SO_2 释放曲线

　　图 3.28 是两种气化原煤及相应气化飞灰中氮元素的 XPS 测试结果。其中，结合能 $(398.7\pm1.3)\,eV$ 对应吡啶型氮，结合能 $(401.5\pm1.3)\,eV$ 对应吡咯型氮，结合能 $(402.3\pm1.3)\,eV$ 对应季氮，结合能 $(404.1\pm1.3)\,eV$ 对应氧化型氮[9,10]。与原煤相比，气化飞灰中各形态氮元素的信号强度均不同程度地下降，说明各形态含氮化合物的含量均下降，不同结合能的含氮化合物含量降幅不同。

　　图 3.29 是一定质量的原煤与对应产量的气化飞灰中各形态含氮化合物含量的比例图。两种气化原煤中氮元素均以吡咯型氮为主要存在形态，而气化飞灰中吡咯型氮的含量大幅下降，季氮成为气化飞灰中氮元素的主要存在形式。煤气化过程中各形态氮元素的绝对含量均降低，其中吡咯型氮降幅最大，季氮降幅最小。这与文献[11]得出的吡咯型氮向季氮转化的结论不同，是因为文献中只比较了煤气化前后各形态氮的百分比，而没有考虑一定质量的原煤在气化前后各形态氮的绝对质量。

　　图 3.30 为气化原煤和气化飞灰在 O_2/Ar 气氛燃烧时 NO 的释放曲线。气化原煤燃烧时在 250℃左右开始有 NO 析出，在 500～600℃达到峰值，800℃左右完全析出。气化飞

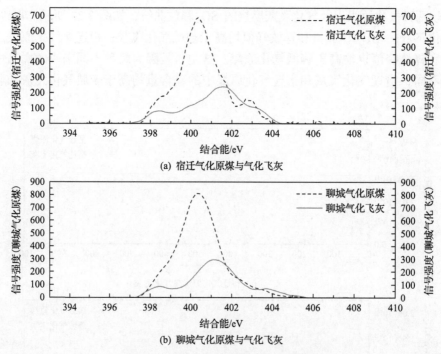

(a) 宿迁气化原煤与气化飞灰

(b) 聊城气化原煤与气化飞灰

图 3.28　样品中氮元素的 XPS 测试结果

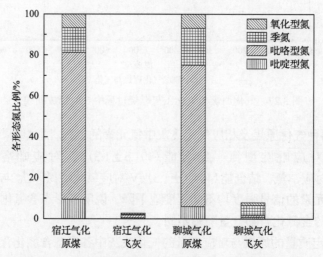

图 3.29　一定质量原煤和对应气化飞灰中各形态氮比例

灰燃烧时在 500～600℃左右开始有 NO 析出，650～700℃左右达到峰值，800℃左右完全析出。气化飞灰燃烧时 NO 释放温度范围向高温区偏移，峰值减小，NO 释放量明显低于对应的原煤。煤气化过程中，煤中的含氮化合物受热分解并随挥发分释放。由于气化飞灰粒度较小，在煤气化炉内停留时间很短，含氮化合物分解不完全，其中一部分结合能较高的含氮化合物得以保留下来，因此在后期燃烧过程中气化飞灰中的氮由于结合能较高，稳定性强，氮氧化物的释放温度范围也有所提高。

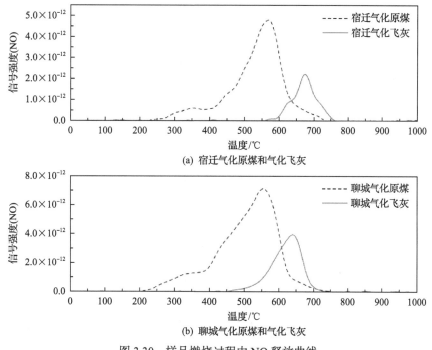

(a) 宿迁气化原煤和气化飞灰

(b) 聊城气化原煤和气化飞灰

图 3.30　样品燃烧过程中 NO 释放曲线

对比两种原煤以及两种气化飞灰的 NO 释放曲线可以看出，聊城气化飞灰和聊城气化原煤的 NO 释放量和释放峰值均高于宿迁气化飞灰和宿迁气化原煤，这是由两种来源地的样品中氮元素的含量不同造成的。

为了考察气化飞灰中硫、氮元素在不同粒径范围内的赋存形态，对 $d \leqslant 40\mu m$、$40\mu m < d < 50\mu m$、$d \geqslant 50\mu m$ 三个粒径范围的宿迁气化飞灰进行 XPS 测试分析。图 3.31(a) 是不同粒径气化飞灰硫元素的 XPS 测试及分峰拟合结果。由图 3.31 可知，三种不同粒径的气化飞灰中各形态硫的组成结构相似，均以有机硫(结合能介于 164~166eV)为主要赋存形态，另外还包括一部分硫化物硫(结合能 163.7eV 左右)和硫酸盐硫(结合能 169eV 左右)，粒径对气化飞灰中硫元素的赋存形态没有太大影响。图 3.40(b) 是不同粒径气化飞灰氮元素 XPS 测试及分峰拟合结果，由图可知，$d \leqslant 40\mu m$ 以及 $d \geqslant 50\mu m$ 的气化飞灰中均含有一定量的吡啶型氮(结合能 398.7eV)和氧化型氮(结合能 402.8eV)，而 $40\mu m < d < 50\mu m$ 的气化飞灰中这两类含氮化合物含量很少；三种不同粒径的气化飞灰中的氮元素均主要以吡咯型氮(结合能 400.5eV)和季氮(结合能 401.6eV)赋存形态存在。

3.5.2　循环流化床燃烧污染物排放特性

气化飞灰料腿预热延长了气化飞灰在炉膛的燃尽时间，提高了气化飞灰的燃烧效率。其对污染物排放的影响可以从如下几个方面阐述。图 3.32~图 3.35 说明了炉膛停留时间、助燃风份额对于宿迁与茌平气化飞灰燃烧过程 NO_x 与 SO_2 排放的影响。

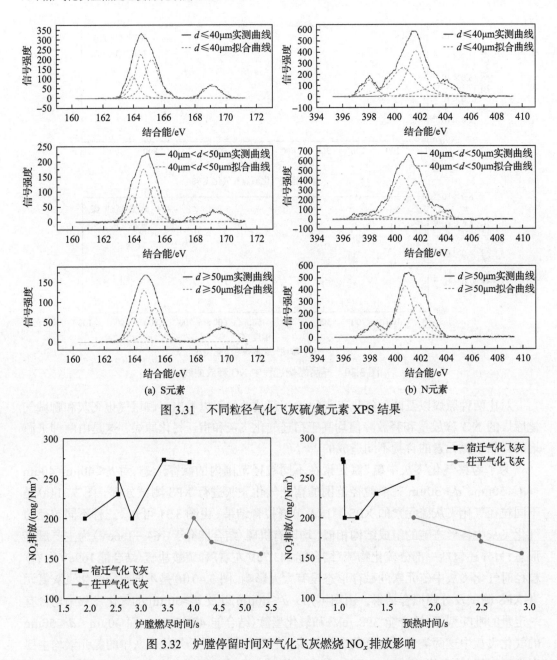

图 3.31 不同粒径气化飞灰硫/氮元素 XPS 结果

图 3.32 炉膛停留时间对气化飞灰燃烧 NO$_x$ 排放影响

由图 3.32 和图 3.33 可知，炉膛燃尽时间对于气化飞灰燃烧过程 NO$_x$ 与 SO$_2$ 排放的影响不显著，没有明显规律。然而，预热时间对于气化飞灰燃烧过程 NO$_x$ 与 SO$_2$ 排放的影响明显。不同的气化飞灰，均有一个最优的预热时间达到最低的污染物排放。原因是，助燃风风量对应预热时间，气化飞灰预热段相当于气化过程，控制好助燃风风量，燃料氮转化为 N$_2$，降低了 NO 的生成。为了对实际工程更具有指导意义，提出助燃风煤比(助燃风碳比)研究预热的影响，其对气化飞灰燃烧过程 NO$_x$ 与 SO$_2$ 排放的影响如图 3.34 和图 3.35 所示。

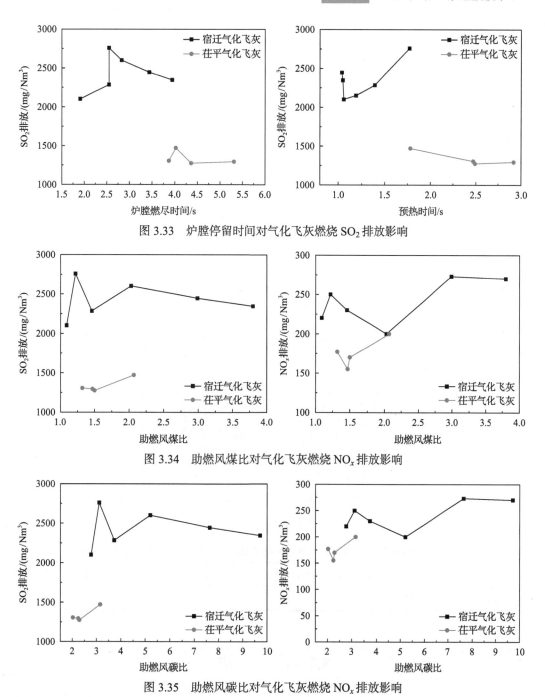

图 3.33　炉膛停留时间对气化飞灰燃烧 SO_2 排放影响

图 3.34　助燃风煤比对气化飞灰燃烧 NO_x 排放影响

图 3.35　助燃风碳比对气化飞灰燃烧 NO_x 排放影响

3.6　循环流化床燃烧技术工程应用

通过前面几节煤气化飞灰燃烧机理及循环流化床燃烧结果，强化预热循环流化床燃烧技术可以实现煤气化飞灰燃烧。本节主要介绍在实验室技术研究的基础上，煤气化飞灰强化预热循环流化床燃烧技术工程应用情况。

江西高安清洁能源有限公司采用中国科学院工程热物理研究所的常压循环流化床富氧气化技术，项目占地面积 1600 多亩①，建设年产热值 1500kcal/Nm³ 的清洁工业燃气 130 亿 m³ 的完整煤制清洁工业燃气工厂，并配套余热余能发电项目。项目建成后将成为全球第一大煤制清洁工业燃气项目，将向陶瓷产业基地 40 余家企业提供煤制清洁工业燃气。

项目一期建设 16 台 62000Nm³/h 循环流化床气化炉，针对流化床气化飞灰的资源化利用，采用强化预热循环流化床燃烧技术，建成了 3 台 130t/h 超高压超高温带再热循环流化床气化飞灰焚烧炉，如图 3.36 所示，采用单汽包自然循环和高温汽冷旋风分离器，主要设计参数如表 3.18 所示。气化飞灰燃烧后飞灰碳含量低于 3%，循环流化床焚烧炉尾部烟道出口的 NO_x 为 50mg/m³，满足现有工业锅炉污染物超低排放标准。

图 3.36　江西高安 130t/h 超高压超高温带再热循环流化床气化飞灰焚烧炉

表 3.18　130 t/h 超高压超高温带再热循环流化床气化飞灰焚烧炉主要设计参数

项目	气化飞灰处理量/(t/d)	锅炉主蒸汽蒸发量/(t/h)	主蒸汽出口压力/(MPa·a)	主蒸汽出口温度/℃
热耗率收工况	500	130	13.70	571

3.7　小　　结

为掌握超低挥发分气化飞灰在循环流化床中高效燃烧的关键技术，本章首先明确了气化飞灰的流化特性和热重燃烧特性，并提出了料腿给料延长炉内停留时间的强化预热技术；在此基础上进行了流化床煤气化飞灰的小试和中试试验，对燃烧效率和污染物排放特性进行了分析，深入分析了硫氮在燃烧过程的转化路径；最后简单介绍了气化飞灰

---

① 1 亩≈666.67m²。

循环流化床燃烧技术在工程上的应用。

不添加辅助燃料，气化飞灰可以在循环流化床内稳定燃烧。三种气化飞灰的燃烧效率均超过了 98%。强化高温预热可以显著提高气化飞灰的燃烧效率，强化预热的主要方式是加强气化飞灰与高温循环流化床床料的掺混。较高的助燃风份额是提高气化飞灰预热燃烧效率的关键参数，将循环流化床的高温点向气化飞灰的给料点下移，提高气化飞灰预热/燃烧强度的同时，延长气化飞灰的停留时间，同时可以降低炉膛高度。影响循环流化床燃烧温度的下限，同时将循环流化床的高温点向气化飞灰的给料点下移，进而提高气化飞灰的预热/燃烧强度。

将气化飞灰在料腿预热，相当于在不改变循环流化床结构的基础上，拉长了循环流化床的还原区，辅以提高二次风份额，可以降低 NO_x 排放浓度。对于不同的气化飞灰，均存在一个最优预热助燃风份额，达到 NO_x 与 SO_2 最低排放。

炉膛停留时间是影响气化飞灰燃尽的关键因素，其中的料腿预热时间更为关键。宿迁气化飞灰和茌平气化飞灰炉膛燃尽时间相差不大，均为 3.5s 左右。粒径更细的茌平气化飞灰预热时间约为 1.7s，预热时间份额为 30%以上，宿迁气化飞灰预热时间约 1s，预热时间份额为 20%以上时，可以保证燃尽。

减小床料粒径构建稳定的循环对于气化飞灰循环流化床低床速及高循环量稳定运行至关重要，且在运行过程中不需要补充细床料。细床料可以有效加强循环，加强气化飞灰的携带量，强化气化飞灰在料腿的预热，达到稳定燃烧与燃尽的目的。

对于宿迁气化飞灰，炉膛温度低于 900℃，气化飞灰入炉不能着火燃烧。炉膛温度必须高于 950℃，气化飞灰才能稳定燃烧。预热温度高于 1000℃，炉膛燃烧温度为 980～1050℃，宿迁气化飞灰才能燃尽。对于烟煤气化后的茌平气化飞灰，料腿预热温度达到 950℃，即可以实现稳定燃烧，燃烧效率大于 99%。对于工业装置的设计，应该兼顾炉膛停留时间、燃烧温度、炉膛流化速度以及炉膛高度。

参 考 文 献

[1] Sing K S W, Everett D H, Haul R A W, et al. Reporting physisorption data for gas/solid systems with special reference to the determination of surface area and porosity[J]. Pure and Applied Chemistry, 1985, 57(4): 603-619.

[2] 孙学信. 燃煤锅炉燃烧试验技术与方法[M]. 北京: 中国电力出版社, 2002.

[3] Kozłowski M. XPS study of reductively and non-reductively modified coals[J]. Fuel, 2004, 83(3): 259-265.

[4] Frost D C, Leeder W R, Tapping R L. X-ray photoelectron spectroscopic investigation of coal[J]. Fuel, 1974, 53(3): 206-211.

[5] Gryglewicz G, Wilk P, Yperman J, et al. Interaction of the organic matrix with pyrite during pyrolysis of a high-sulfur bituminous coal[J]. Fuel, 1996, 75(13): 1499-1504.

[6] Chen H K, Li B Q, Zhang B J. Decomposition of pyrite and the interaction of pyrite with coal organic matrix in pyrolysis and hydropyrolysis[J]. Fuel, 2000, 79(13): 1627-1631.

[7] 王美君. 典型高硫煤热解过程中硫、氮的变迁及其交互作用机制[D]. 太原: 太原理工大学, 2013.

[8] LaCount R B, Anderson R R, Friedman S, et al. Sulphur in coal by programmed-temperature oxidation[J]. Fuel, 1987, 66: 909-913.

[9] Pels J R, Kapteijn F, Moulijn J A, et al. Evolution of nitrogen functionalities in carbonaceous materials during pyrolysis[J]. Carbon, 1995, 33(11): 1641-1653.

[10] Friebel J, Köpsel R F W. The fate of nitrogen during pyrolysis of German low rank coals—A parameter study[J]. Fuel, 1999, 78(8): 923-932.

[11] 张书, 白艳萍, 米亮, 等. 升温速率对胜利褐煤热解过程中 N 迁移转化的影响[J]. 燃料化学学报, 2013, 41(10): 1153-1159.

第 4 章

流化床气化飞灰熔融特性

气化飞灰的无机矿物主要由 SiO_2 和 Al_2O_3 等晶相化合物组成，较高的铝硅含量可用于制造玻璃纤维棉和微晶玻璃等铝硅基材料，但原料属性的利用需要对气化飞灰进行熔融态矿相重构。因此，有必要针对工业循环流化床产生的气化飞灰熔融特性进行深入研究，通过多气氛灰熔融温度分析仪、高温热台显微镜和 FactSage 化学热力学软件等方法考察气化飞灰的高温灰熔融机理、矿物元素迁移和转化特性以及物料性质、反应条件与添加剂对熔融特性的影响规律，为开发气化飞灰大规模资源化利用技术提供理论支撑。

4.1 熔融特性分析方法

4.1.1 样品灰化与高温热处理

按照国家标准《煤灰成分分析方法》(GB/T 1574—2007)在马弗炉内制取灰样，具体程序如下：称取少量原煤(100μm 以下)或煤气化飞灰样品，置于氧化铝瓷舟中铺平，将瓷舟放置在马弗炉恒温区域。关上炉门但保留 15mm 左右的空隙，设定温度程序在 30min 内从室温升至 500℃，在此温度下恒温 30min，随后继续升温至(815±10)℃，在该条件下恒温灼烧 2h 以上，以燃尽样品中的可燃物。最后将瓷舟从马弗炉中取出，在空气中冷却 5min 后，置于干燥器中冷却至室温后收集在密封袋中备用。

为研究煤气化飞灰在氧化性气氛下的高温矿物质转化特性，将 815℃下制备的灰样在美国 LECO 公司生产的 AF700 灰熔融温度分析仪上进行高温热处理，如图 4.1 所示。该装置主要由加热电炉、管式反应器、配气系统、温控系统、CCD 摄像机和计算机数据采集系统等构成，最高加热温度为 1550℃，可采用氧化性(压缩空气)、惰性(N_2)和还原性(按体积比配置 CO 和 CO_2)等多种气氛，满足多种样品的制备需求。高温热处理方法如下：待管式反应器预热至 400℃后，称取 1g 左右灰样平铺在氧化铝瓷舟内，并用推送杆将瓷舟送至恒温加热区内。设定温度程序从 400℃升高至 750℃，升温速率为 15℃/min，反应气氛为 N_2；随后从 750℃升至设定值，升温速率为 5℃/min，反应气氛为压缩空气，在此温度下停留 5min。高温热处理温度设定为 1100℃、1150℃、1200℃、1250℃、1300℃ 和 1350℃。最后，将瓷舟从管式反应器内取出，连同热处理后的灰样一起置于冰水中激冷降温，防止高温灰样在缓慢降温过程中发生物相转变和晶内偏析。将激冷后的样品在 105℃下干燥后，研磨至 100μm 以下，置于密封袋中保存备用。

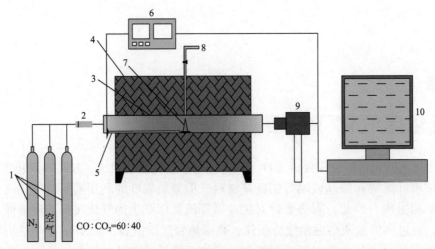

图 4.1 灰熔融温度分析系统示意图

1.气瓶；2.质量流量计；3.管式反应器；4.加热电炉；5.温度计；6.温度控制器；7.灰锥；
8.尾气管；9.CCD 相机；10.计算机

4.1.2 灰熔融温度测定

样品的灰熔融温度测定在图 4.2 所示灰熔融温度分析系统上进行。在依据国家标准《煤灰熔融性的测定方法》(GB/T 219—2008)测定样品的灰熔融温度时，需先将在马弗炉内制备的灰样与糊精溶液混合后，在灰锥模具中压制成特定尺寸的三角锥体，在室温下晾晒 24h 以上，随后将多个灰锥粘贴在灰锥托板的三角凹坑处，使得灰锥与托板表面垂直。在灰熔融温度测试时，先打开灰熔融温度分析仪和计算机电源，将管式反应器预热至 400℃，将粘贴有多个三角灰锥的托板送入管式反应器恒温区内，使得灰锥在较低的升温速率下缓慢加热升温。整个测试过程可分为两个阶段：在 400~750℃，设定升温速率为 15℃/min，反应气氛为高纯 N_2，该阶段内灰样不会发生明显变化；在 750~1550℃，设定升温速率为 5℃/min，该阶段气氛可根据需要设定，本节采用压缩空气提供氧化性气氛。以上两个阶段均控制气体流量为 2~3L/min。

在灰熔融温度测试时，需要根据灰锥在缓慢升温过程中的形态变化记录四个特征温度，其定义如图 4.2 所示。

(1)变形温度 DT：灰锥尖端或棱开始变圆或弯曲时的温度。

(2)软化温度 ST：灰锥弯曲至尖端触及托板或灰锥变成球形时的温度。

(3)半球温度 HT：灰锥变形至近似半球形，即高度约等于底长的一半时的温度。

(4)流动温度 FT：灰锥熔化展开成高度在 1.5mm 以下薄层时的温度。

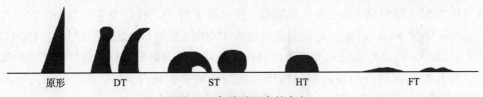

图 4.2 灰熔融温度的定义

灰熔融温度分析采用计算机连续摄像技术,可以准确地获得描述煤灰熔融过程的影像资料。在试验中,实时连续观察灰锥形态变化,在试验后也可依据图像记录反复确认,得到准确的灰熔融温度。

4.1.3 样品粒径与微观结构分析方法

对于煤气化飞灰,按照相关国家标准(《煤的工业分析方法》(GB/T 212—2008)、《煤中碳和氢的测定方法》(GB/T 476—2008)、《煤中氮的测定方法》(GB/T 19227—2008)、《煤中全硫的测定方法》(GB/T 214—2007)和《煤的发热量测定方法》(GB/T 213—2008))进行工业分析、元素分析和灰成分分析,采用马尔文 Mastersizer 2000 型激光粒度仪进行粒径分析。依据煤气化飞灰的粒径分布筛分为四个粒径区间后,采用日本岛津 XRF-1800 型 X 射线荧光光谱仪对矿物元素(Na、K、Ca、Mg、Fe、Al、Si、S 和 Cl)含量进行半定量分析。采用德国 Bruker D8 Advance 型 X 射线衍射仪对煤气化飞灰进行碳微晶结构分析,测试参数为 Cu 靶,管压 40 kV,管流 40 mA,扫描角度范围为 10°~80°(2θ),扫描步长为 0.02°,扫描速度为 12°/min。采用美国 ASAP 2020 型全自动比表面积和孔隙度分析仪对煤气化飞灰和热解煤焦进行孔隙结构分析。采用日本日立 Hitachi S-4800 型场发射扫描电子显微镜(scanning electron microscopy,SEM)观察原料的表面形貌特征。

4.1.4 高温原位观察

采用高温热台显微镜实时观察煤气化飞灰样在升温熔融和降温结晶过程中的形貌变化,其原理如图 4.3 所示[1]。该装置主要由加热台(英国 Linka TS 1500)、光学显微镜(日本 Olympus)、温度控制器、冷却循环水系统以及计算机图像分析软件(Linksys32 image capturing software)等组成。高温加热台可长期使用的最高温度为 1550℃,可满足多种灰样的测试需求。在测试时,先将煤气化飞灰样放置在氧化铝坩埚内,并用镊

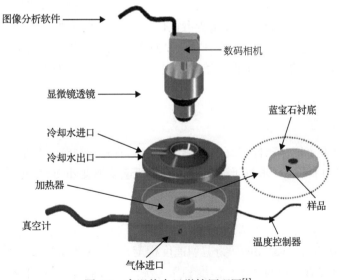

图 4.3　高温热台显微镜原理图[1]

子压实。将高温加热台密封，抽真空至 10Pa 以下，设定从室温加热至 1100℃，升温速率为 50℃/min；随后降低升温速率至 20℃/min，从 1100℃缓慢加热至 1400℃左右。这主要是考虑到煤气化飞灰样是在 815℃下制备的，在相对较低温度下形貌不会发生显著变化。最后在 He 强制冷却下迅速降至室温，降温速率为 100℃/min。在整个测试过程中，均保持 Ar 气氛，连续不断地采集图像并储存在计算机上，采集速率为每秒 3 张，放大倍率为 500 倍。

4.1.5　FactSage 化学热力学计算

FactSage 是化学热力学领域完全集成数据库最大的计算模拟系统之一[2]。所采用的热力学数据库包含数千种纯物质数据库，在材料、冶金、腐蚀、玻璃、燃烧、陶瓷、地质等领域有广泛应用。在计算模块中，Reaction 模块用于计算单一物质、多个物质或一个化学反应的热力学参数；Predom 模块用于计算和绘制单元及多元金属体系的等温优势区图；EpH 模块用于计算单元和多元金属体系的等温电位图；Equilib 模块依据吉布斯自由能最小化原理，计算给定元素或化合物化学反应达到平衡时的产物种类和含量；Phase Diagram 模块能够计算、绘制和编辑单元及多元相图等。在煤灰熔融性研究中，FactSage 可以在质量守恒和化学平衡的限制下，基于吉布斯自由能最小化原理进行化学热力学模拟计算，能够起到良好的辅助作用[3]。在模拟计算时，先将灰样简化为多种氧化物组成的灰体系，对不同组成、温度和气氛下的灰体系热力学函数和平衡态相图进行评估和模拟计算，可以得到灰样在相平衡状态下的全液相温度、固相温度、在不同温度下液相的相对含量和固相中的化学组成，也可用于预测样品在加热与降温过程中的矿物相演变规律。

本节采用 FactSage 计算煤气化飞灰样在氧化性气氛下的高温矿物质转化行为。将灰样简化为 SiO_2-Al_2O_3-CaO-Fe_2O_3-MgO-TiO_2-Na_2O-K_2O-SO_3-P_2O_5 十组分系统。选取化合物数据库 FACT53 和目标数据库 FToxid，采用 Equilib 模块预测煤气化飞灰样在 800～1600℃的矿物组成含量及固相和液相所占比例。计算中采用的反应气氛为模拟空气，压力为 1 atm。将煤气化飞灰样组成进一步简化为 SiO_2-Al_2O_3-CaO-Fe_2O_3 四组分系统，采用 Phase Diagram 模块计算硅铝质量比为 2.79 时的 SiO_2/Al_2O_3-CaO-Fe_2O_3 似三元相图，用于预测不同组成下的全液相温度。

4.1.6　高温流动特性

根据牛顿摩擦定律，灰样在高温下形成熔融灰渣并流动时，两个相邻渣层之间的摩擦切应力 f 与受力面积 S、垂直于流动方向的剪切速度梯度 dv/dx 成正比，见式(4-1)：

$$f = \varepsilon S \frac{dv}{dx} \tag{4-1}$$

式中，f 为摩擦切应力，Pa；dv/dx 为剪切速度梯度，s^{-1}；S 为熔融渣层受力面积，m^2；ε 为动力黏度，由灰渣自身的性质、温度和压力决定，Pa·s。由式(4-1)得到动力黏度，见式(4-2)：

$$\varepsilon = \frac{f}{\dfrac{dv}{dx}S} \tag{4-2}$$

为了测定灰渣黏温特性曲线,使转子在熔融灰渣中恒速旋转,此时灰渣黏滞力 f 与钢丝偏转角 φ 成正比,见式(4-3)和式(4-4):

$$\varepsilon = \frac{K}{\omega_i}\varphi = K_i\varphi, \quad i=1,2,\cdots,n \tag{4-3}$$

$$K = \frac{1}{\dfrac{dv}{dx}S} \tag{4-4}$$

式中,K_i 为常数,由一系列不同黏度的标准物质标定得到;ω_i 为转子的旋转角速度,rad/s;φ 为钢丝的偏转角,rad。当钢丝的直径和速度不同时,K_i 数值会发生改变,可以通过改变钢丝的直径、旋转角速度以及测试转子的大小来改变熔渣黏度测量范围。

本节利用 Orton RSV 1700 型旋转式高温粘度计[4],依据电力行业标准《煤灰高温粘度特性试验方法》(DL/T 660—2007)测量煤气化飞灰样的黏温特性曲线。该装置主要由 Brookfield 流变仪、高温电加热炉和温度控制器组成,配备圆柱形氧化铝坩埚和铂铑转子,以供测试使用。该设备长期使用温度为 1600℃,高于绝大多数煤灰和渣样的全液相温度。采用一根已经预先校准的 B 型铂金热电偶来检测样品温度。在正式测量之前,需要先采用美国国家标准与技术研究院(National Institute of Standards and Technology,NIST)标准材料,如 SRM 717A 进行校准。在测试时,先将 100g 左右灰样放置于氧化铝坩埚内并压实,将电加热炉从室温加热至 1600℃,并在此温度下保持 1h,以保证灰样完全熔融。随后系统以 2℃/min 的速率逐渐降温,使用内置软件每隔 0.1℃记录样品温度和黏度。在整个测试过程中均维持还原性气氛(CO 和 CO_2 物质的量之比为 6∶4)。

4.2 灰熔融过程

4.2.1 气化飞灰与原煤的差异分析

所选聊城气化飞灰取自某工业循环流化床煤气化炉[5],该气化炉以空气和水蒸气的混合气为气化剂,在 900~950℃和常压下运行,产气量约为 40000m³/h。气化飞灰样品取自布袋除尘器,工业分析和元素分析见 2.1 节,原煤样品取自给料仓,其收到基水分、灰分、挥发分和固定碳分别为 12.48%、11.23%、29.06%和 47.23%。聊城气化飞灰的灰成分分析见表 3.1,原煤灰成分中 SiO_2、Al_2O_3、Fe_2O_3 和 CaO 组分含量为 51.10%、17.95%、9.26%和 8.93%,其余 TiO_2、K_2O 和 Na_2O 等组分总含量为 12.26%。原煤和聊城气化飞灰在氧化性气氛(压缩空气)下的灰熔融温度见表 4.1。

表 4.1 原煤和聊城气化飞灰的灰熔融特性

样品	灰熔融温度/℃			
	变形温度(DT)	软化温度(ST)	半球温度(HT)	流动温度(HT)
原煤	1255	1290	1320	1345
气化飞灰	1180	1250	1290	1310

原煤是一种典型的低变质烟煤，挥发分含量较高，达到 29.06%，灰分含量较低，仅为 11.23%。比较来说，气化飞灰中水分和挥发分含量极低，灰分含量较高，为 20.6%。这主要是由于原煤在循环流化床气化炉内经历了部分气化过程。与实验室产生的细粉灰类似，该细粉灰具有较高的碳含量，达到 76.66%，这说明开发适用于煤气化飞灰的高效清洁利用技术具有重要意义。煤气化飞灰的粒径分布见图 4.4，呈现为单峰分布，10%、50%和90%的切割粒径 d_{10}、d_{50} 和 d_{90} 分别为 4.32μm、20.75μm 和 56.00μm。

由表 4.1 可知，聊城气化飞灰的灰熔融温度比原煤要低 30~75℃。煤灰的熔融特性主要取决于矿物质组成。通常来说，煤灰中酸性氧化物倾向于促进多聚物的生成，导致灰熔融温度升高，而碱性氧化物倾向于阻止多聚物生成，从而降低灰熔融温度[6]。煤灰碱性指数定义为 CaO、MgO、Fe_2O_3、Na_2O、K_2O 和 SO_3 的总含量，通常用于预测煤灰的高温熔融特性。原煤的碱性指数为 27.92，经流化床气化后的细粉灰增加至 29.45，使得灰熔融温度降低。此外，原煤和煤气化飞灰中矿物组成差异主要在于 SO_3 和 Fe_2O_3 的含量不同。与原煤相比，煤气化飞灰富含 SO_3，而 Fe_2O_3 含量相对较低。前人研究结果表明，煤灰中能够降低灰熔融温度的矿物质按照如下顺序排列：SO_3＞CaO＞MgO＞Fe_2O_3＞Na_2O[7,8]。因此，煤气化飞灰中 SO_3 含量的增加可能是灰熔融温度比原煤要低的主要原因。

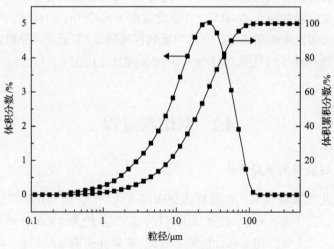

图 4.4 煤气化飞灰的粒径分布

原煤和煤气化飞灰的 XRD 谱图见图 4.5。对于两个样品，在 20°~35°(2θ) 均存在一个较宽的突起峰，这说明两者均含有大量的有机质[9]。原煤中主要矿物质是石英(SiO_2)、高岭石($Al_4(OH)_8(Si_4O_{10})$)、硫酸钙($CaSO_4$)和氧化铁(Fe_2O_3)。经流化床气化后，煤气化飞灰中石英的衍射峰强度显著升高，但未检测到高岭土的存在，这是由于高岭土在循环流化床气化炉内发生了脱羟基分解反应[10]：

$$Al_4Si_4O_{10}(OH)_8(s) \longrightarrow 2Al_2O_3(s) + 4SiO_2(s) + 4H_2O(g) \qquad (4\text{-}5)$$

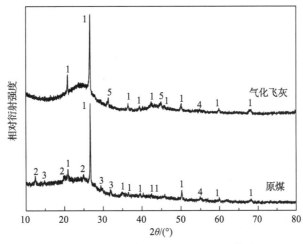

图 4.5　原煤和煤气化飞灰的 XRD 谱图

1.石英(SiO_2)；2.高岭石($Al_4(OH)_8(Si_4O_{10})$)；3.硫酸钙($CaSO_4$)；4.氧化铁(Fe_2O_3)；5.硫化钙(CaS)

在煤气化飞灰中存在大量硫化钙(CaS)，但未检测到硫酸钙存在，这是因为原煤中硫酸钙在循环流化床气化炉内还原性气氛下已经转化为硫化钙，涉及的反应如下[11]：

$$CaSO_4(s) + 4CO(g) \longrightarrow CaS(s) + 4CO_2(g) \qquad (4\text{-}6)$$

原煤和煤气化飞灰的微观形貌特征见图 4.6。原煤颗粒表面比较整洁光滑，只有极少量碎片附着，基本观察不到表面有任何孔隙结构。对比来说，煤气化飞灰由多种大小不一且不规则的颗粒组成。煤气化飞灰颗粒表面粗糙且松散，可以观察到明显的孔隙结构。原煤和煤气化飞灰表面形貌的差异与循环流化床气化炉内剧烈的脱挥发分过程有关。此外，在煤气化飞灰表面未观察到明显的熔融现象。

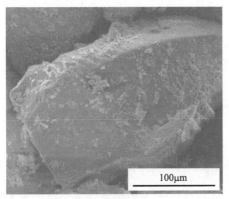

(a) 原煤

(b) 煤气化飞灰

图 4.6　原煤和煤气化飞灰的 SEM 照片

4.2.2 高温矿物质转变规律

煤气化飞灰的灰熔融性与矿物质的转化过程密切相关。为研究煤气化飞灰中矿物质在高温下的转化行为，将其在马弗炉内完全灰化，在氧化性气氛下高温热处理后进行 XRD 分析。聊城气化飞灰在 815℃下灰样的 XRD 谱图见图 4.7。石英是煤气化飞灰样中的主要矿物相，这与灰化前原煤一致。钙主要以硫酸钙的形式存在，但未检测到硫化钙，说明煤气化飞灰中硫化钙在灰化过程中已被氧化为硫酸钙[12]：

$$CaS(s) + 2O_2(g) \longrightarrow CaSO_4(s) \tag{4-7}$$

同时，煤气化飞灰中部分硫酸钙分解为氧化钙[13]：

$$CaSO_4(s) \longrightarrow CaO(s) + SO_2(g) + 1/2O_2(g) \tag{4-8}$$

分解产生的氧化钙（CaO）与石英和氧化铝（Al_2O_3）反应生成钙长石（$CaAl_2Si_2O_8$），这一过程涉及的反应如下[14]：

$$CaO(s) + 2SiO_2(s) + Al_2O_3(s) \longrightarrow CaAl_2Si_2O_8(s) \tag{4-9}$$

此外，还检测到少量氧化铁的存在。原煤完全灰化后样品的 XRD 谱图也列于图 4.7 中，同时给出了原煤灰相对于煤气化飞灰样的差异谱图。与原煤灰样相比，煤气化飞灰样中石英和硫酸钙的含量有较明显的增加，同时钙长石的含量稍有升高，但各矿物质种类没有变化，这说明流化床气化过程对煤气化飞灰样中主要矿物元素存在的形态影响不大。

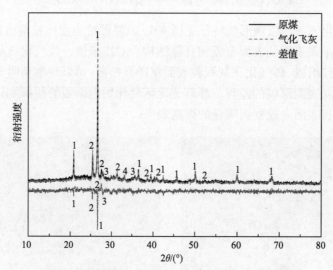

图 4.7 原煤和煤气化飞灰 815℃灰样的 XRD 谱图

1.石英（SiO_2）；2.硫酸钙（$CaSO_4$）；3.钙长石（$CaAl_2Si_2O_8$）；4.氧化铁（Fe_2O_3）

通常来说，样品 XRD 谱图中的衍射峰强度与所代表的矿物质含量呈比例关系[15]，衍射峰强度的变化可以反映矿物质含量的变化规律。煤气化飞灰在不同温度下热处理后灰样的 XRD 谱图见图 4.8。与煤气化飞灰 815℃灰样相比，硫酸钙进一步分解并在 1100℃时消失，所生成的氧化钙与石英和氧化铝反应生成钙长石[14]，使得石英的衍射峰强度降低，而钙长石的衍射峰强度显著增加。同时，由于石英、氧化钙和氧化镁(MgO)之间发生反应，钙镁辉石开始出现，涉及的反应如下：

$$2SiO_2(s) + CaO(s) + MgO(s) \longrightarrow CaMgSi_2O_6(s) \tag{4-10}$$

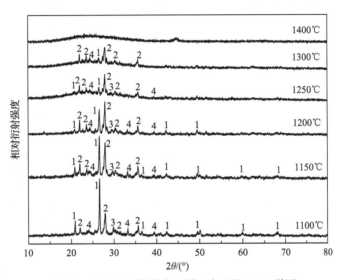

图 4.8　煤气化飞灰样在不同温度下的 XRD 谱图

1.石英(SiO₂)；2.钙长石(CaAl₂Si₂O₈)；3.钙镁辉石(CaMgSi₂O₆)；4.氧化铁(Fe₂O₃)

但氧化铁含量并未发生显著变化。在 1200℃时，石英含量明显降低，钙长石含量显著增加，钙镁辉石的衍射峰强度开始下降，说明煤气化飞灰样已经开始熔融。当温度为 1250℃时，在 20°～35°(2θ) 出现一个较宽的突起峰，这说明大量非晶相物质开始生成。相应的，以钙长石为主的结晶矿物质开始熔融，衍射峰强度快速降低。在 1300℃时，绝大部分钙长石已熔融转化为非晶相物质，同时钙镁辉石消失，氧化铁也开始参与熔融过程。随着温度的升高，煤气化飞灰样中结晶矿物质含量降低，非晶相物质含量逐渐增加。在 1350℃时，在 XRD 谱图上几乎检测不到结晶矿物质存在，煤气化飞灰样中结晶矿物质全部转化为熔融态物质。

采用 FactSage 6.1 模拟计算煤气化飞灰样在氧化性气氛下 800～1600℃的矿物质转化行为，如图 4.9 所示。煤气化飞灰样在 800℃时主要由石英、硫酸钙、钙长石、氧化铁、莫来石(3Al₂O₃·2SiO₂)和钠长石(NaAlSi₃O₈)构成，其中莫来石主要由高岭土的分解反应产生[16]：

$$Al_4Si_4O_{10}(OH)_8(s) \longrightarrow 2(Al_2O_3 \cdot 2SiO_2)(s)(高岭石) + 4H_2O(g) \tag{4-11}$$

$$2(Al_2O_3 \cdot 2SiO_2) \longrightarrow 2(Al_2O_3 \cdot 3Si_2O_3) + SiO_2(非晶相) \tag{4-12}$$

$$3(2Al_2O_3 \cdot 3SiO_2) \longrightarrow 2(3Al_2O_3 \cdot 2SiO_2) + 5SiO_2 \tag{4-13}$$

$$SiO_2(非晶相) \longrightarrow SiO_2(方石英) \tag{4-14}$$

但在 XRD 谱图中未检测到莫来石和钠长石的存在,这主要与两者较低的含量有关。当温度从 800℃升高到 950℃时,煤气化飞灰样中矿物质从一种晶体形式转化为另一种形式,同时多种矿物质之间相互反应生成新物质,如方石英在 850~875℃被转化为鳞石英。但与方石英含量的减小速率相比,鳞石英含量的增长速率要低一些,这是由于部分方石英与硫酸钙和氧化铝反应生成了钙长石,这也使得硫酸钙的含量降低,而钙长石含量升高。在 900~925℃,钙镁辉石开始生成,同时由于钠长石熔融,灰样中液相组分含量迅速增加。随着温度从 950℃升高至 1100℃时,除鳞石英含量有所降低外,灰样中矿物质种类和含量未发生明显变化。在 1125℃时,钙长石和钙镁辉石开始熔融,导致两者含量迅速降低,液相组分含量显著增加。在 1200℃和 1325℃时,钙镁辉石和钙长石全部转化为非晶相物质,这与 XRD 谱图一致。灰样中氧化铁的起始和完全熔融温度与前述结果一致。煤气化飞灰样的全液相温度约为 1325℃,略高于流动温度。总体来说,采用 FactSage 计算得到的煤气化飞灰样高温下的矿物质转化行为与灰熔融温度和 XRD 结果基本一致,并可提供更多细节信息,如钠长石的存在和在较低温度下的熔融以及方石英向鳞石英的转化过程。对于煤气化飞灰样,钙长石在高温下的生成和逐渐熔融是主要矿物质转化行为,并决定着其熔融特性。尽管没有考虑动力学限制和质量传递的影响,采用 FactSage 模拟计算得到的灰样在高温下的矿物质转化特性与试验结果仅存在很小的差异。

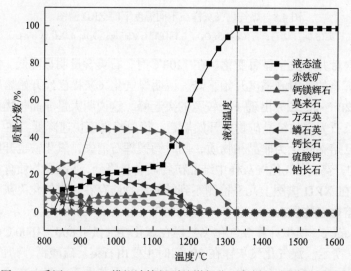

图 4.9 采用 FactSage 模拟计算得到的煤气化飞灰样的矿物质转化行为

采用 FactSage 计算得到的硅铝质量比(SiO_2/Al_2O_3)为 2.79 时 SiO_2-Al_2O_3-Fe_2O_3-CaO 四元组分的似三元相图见图 4.10,可以得到硅铝质量比为 2.79 时不同组分灰体系的全液相温度。在模拟计算过程中,假设灰样中 Fe 全部以 Fe^{3+} 的形式存在,这主要是考虑到煤灰中 Fe 在氧化性气氛下多以 Fe^{3+} 的形式存在[17]。在图 4.10 中标示的圆点位置与煤气化飞灰样组成一致。显然,煤气化飞灰样处在以钙长石为主要矿物相的区域内,全液相温度高于 1350℃。这一值比流动温度和图 4.9 中全液相温度略高，这可能是由于在计算过程中 MgO、Na_2O、K_2O 和 SO_3 等矿物质的作用被忽略了。更进一步，氧化钙对煤气化飞灰样矿物质转化和全液相温度的影响可以由似三元相图进行预测。若 CaO 被添加到煤气化飞灰样中，Fe_2O_3 和 SiO_2 与 Al_2O_3 的质量分数之和降低，灰组成沿着图 4.10 中箭头方向移动。灰熔融温度随 CaO 添加量的增加呈现先升高后降低的趋势，这对煤气化飞灰的高温燃烧熔融利用具有指导意义。以上结果表明，化学热力学模拟计算是一种用于预测煤气化飞灰样在高温下矿物质转化特性和灰熔融温度的有效方法[5]。

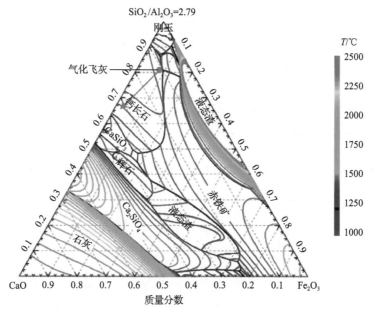

图 4.10 硅铝质量比(SiO_2/Al_2O_3)为 2.79 时 SiO_2-Al_2O_3-Fe_2O_3-CaO 四元组分的似三元相图

4.2.3 高温熔融机理

高温热台显微镜技术已广泛用于研究陶瓷、玻璃和金属等材料在高温下的特性[18]，但在煤灰熔融领域的应用尚较少见到。本节采用高温热台显微镜实时观察煤气化飞灰样在 Ar 气氛下的升温熔融和降温结晶过程，所得照片见图 4.11 和图 4.12。

聊城气化飞灰样在 800℃以下不会发生明显变化。随着温度上升，煤气化飞灰样上表面逐渐向下移动，说明灰样发生了显著的收缩，导致体积减小，但直至 1150℃也未观察到明显的熔融现象(由于在较低温度下亮度较低，同时视野不断移动，导致 1150℃以下图像质量不高，因而未给出)。与 XRD 谱图和 FactSage 模拟计算相结合，煤气化飞灰样的体积收缩可能是在 800~1150℃灰样中矿物质自身转化和相互反应生成新的矿物质引起的。Xu 等[19]在采用高温热台显微镜研究神府煤灰熔融特性时，也观察到了相似的现象。在 1150℃时，煤气化飞灰样在多个位置开始发生熔融，但直到 1184℃才观察到显著的熔融形貌特征。此时多个熔融位置较为分散，这可能是由低熔点物质如钠长石的部分熔融引起的。随着温度继续上升，灰样中更多矿物质发生熔融，原本多个离散的熔融位

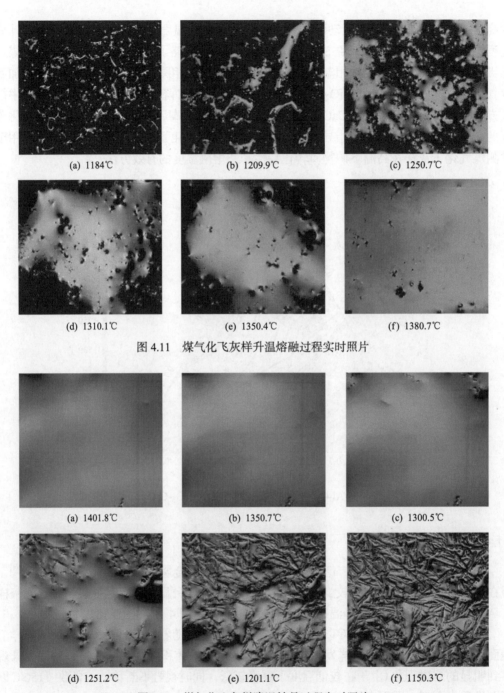

(a) 1184℃　　　　(b) 1209.9℃　　　　(c) 1250.7℃

(d) 1310.1℃　　　　(e) 1350.4℃　　　　(f) 1380.7℃

图 4.11　煤气化飞灰样升温熔融过程实时照片

(a) 1401.8℃　　　　(b) 1350.7℃　　　　(c) 1300.5℃

(d) 1251.2℃　　　　(e) 1201.1℃　　　　(f) 1150.3℃

图 4.12　煤气化飞灰样降温结晶过程实时照片

置连接在一起，在 1209.9℃时形成数个局部熔融区域。在 1250.7℃时，开始逐步形成一个完整的熔融表面。当温度升高至 1310.1℃时，大部分矿物质已经发生熔融，只有少量固体颗粒浮在液相表面，但此时液相表面比较粗糙且凹凸不平。在 1350.4℃时，煤气化飞灰样中固相颗粒数量进一步减少，直到 1380.7℃形成了一个较为平整光滑的熔融表面。

此外，煤气化飞灰样在 1150℃以上也发生了比较明显的体积收缩现象，这主要是由灰样熔融引起的。以上结果表明，煤气化飞灰样的熔融是一个渐进的过程，灰样中低熔点物质如钠长石，先在多个位置发生熔融，所生成的液相在灰样固体颗粒之间缓慢流动；随着温度进一步升高，熔点较高的矿物质如钙镁辉石和钙长石开始参与熔融过程，灰样熔融过程迅速发展，液相组分含量迅速增加，最终煤气化飞灰的流动性随温度升高而明显增加。

煤气化飞灰样的结晶过程主要发生在 1201.1～1300.5℃，这与 XRD 结果和 FactSage 模拟计算一致。但煤气化飞灰样升温熔融和降温结晶两个过程之间存在明显的差异。在降温过程中，直至 1300.5℃ 都未能观察到明显的结晶矿物质存在，但在升温过程中 1310℃时还存在相当数量的固相颗粒。Song 等[20]在研究气流床气化炉渣样在升温和降温过程中的流动性时，也发现了类似的差异性。这可能是由于在较高的升温速率下，灰样中固相颗粒没有足够的时间溶解在已经熔融的液相中[21]。

4.3　物料性质与反应条件对灰熔融特性的影响

4.3.1　粒径影响

其他研究结果表明，煤气化飞灰粒径对矿物元素组成有显著的影响[22]，这可能会引起细粉灰内部灰熔融温度的不均匀，从而给液态排渣旋风熔融炉的长期稳定运行带来困难。本节将取自工业循环流化床煤气化炉的宿迁和聊城气化飞灰筛分为不同的粒径范围，在马弗炉内完全灰化后测定灰熔融温度。这两种气化飞灰的工业分析和元素分析等基本性质见 2.1 节。

图 4.13 为不同粒径宿迁气化飞灰和聊城气化飞灰的熔融温度。随着粒径增大，宿迁气化飞灰的灰熔融温度先迅速升高，随后缓慢升高；而聊城气化飞灰熔融温度随粒径变化不大。样品灰熔融温度的变化与其中矿物元素组成有密切联系。采用 XRF 方法测得宿迁气化飞灰和聊城气化飞灰的矿物元素组成见图 4.14。

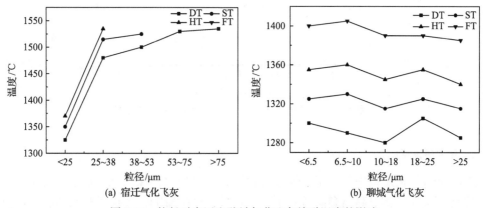

(a) 宿迁气化飞灰　　　　　　　(b) 聊城气化飞灰

图 4.13　粒径对宿迁和聊城气化飞灰熔融温度的影响

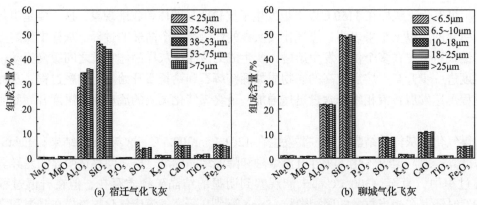

(a) 宿迁气化飞灰　　　　　(b) 聊城气化飞灰

图 4.14　粒径对宿迁和聊城气化飞灰矿物元素组成的影响

　　显然，两种煤气化飞灰均主要由 Si、Al、Ca、Fe 和 S 组成。随着粒径逐渐增大，宿迁气化飞灰中 SiO_2 含量减少，而 Al_2O_3 含量逐渐增多。当宿迁气化飞灰粒径从<25μm 增大至 25~38μm 时，CaO 和 SO_3 含量剧烈降低，随后基本保持不变。对于聊城气化飞灰，所有矿物元素含量随粒径仅发生细微变化，这也解释了灰熔融温度随粒径变化不大的现象。煤灰中硅铝质量比是影响煤灰熔融温度的关键因素之一[8]。宿迁气化飞灰的硅铝质量比随粒径的变化见图 4.15。值得注意的是，宿迁气化飞灰的硅铝质量比先迅速降低，随后缓慢下降，这与灰熔融温度的变化趋势刚好相反。Liu 等[23]和 Yan 等[24]在研究模拟灰样的灰熔融温度时得到了相似的结果，并且认为在较低的硅铝质量比下，煤灰中高熔点矿物质如莫来石和氧化铝的生成是灰熔融温度较高的主要原因。

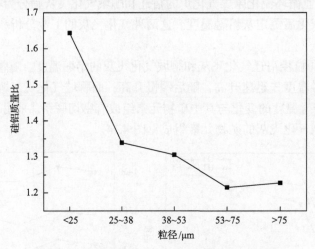

图 4.15　粒径对宿迁气化飞灰硅铝质量比的影响

4.3.2　硫含量影响

　　在流化床气化过程中，由于原煤中自含钙的固硫作用，煤气化飞灰中硫含量一般比原煤要高，这除了会对高温燃烧过程中污染物排放产生影响，还会影响灰渣在高温下的熔融特性，但有关硫含量对煤灰熔融性的研究尚很少见。煤气化飞灰中硫通常以 CaS 或

$CaSO_4$ 的形式存在，通过添加不同含量 CaO 和 $CaSO_4$ 的方法，研究硫含量对宿迁气化飞灰和聊城气化飞灰熔融温度的影响，所得结果见图 4.16。对于宿迁气化飞灰，随着 CaO 含量的增加，灰熔融温度先轻微降低，随后逐渐升高；将添加剂由 CaO 替换为 $CaSO_4$ 后，灰熔融温度变化趋势不变，但比添加 CaO 时要高。而对于聊城气化飞灰，灰熔融温度随着 CaO 添加量的增加而持续降低，当添加剂由 CaO 替换为 $CaSO_4$ 后，灰熔融温度与添加 CaO 相比有所降低。这说明，$CaSO_4$ 并不一定具有比 CaO 更强的降低灰熔融温度的作用，从而硫含量的升高并不一定能够显著降低灰熔融温度，还与灰样自身矿物组成有关。

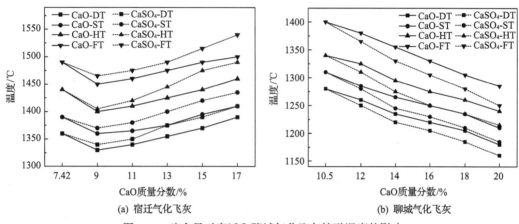

图 4.16 硫含量对宿迁和聊城气化飞灰熔融温度的影响

在惰性气氛下，添加不同 CaO 和 $CaSO_4$ 含量的宿迁气化飞灰样在 1400℃下的 XRD 谱图如图 4.17 所示。宿迁气化飞灰及添加有 CaO 或 $CaSO_4$ 的灰样在 1400℃下主要矿物相为钙长石（$CaAl_2Si_2O_8$）和莫来石（$3Al_2O_3 \cdot 2SiO_2$）。随着 CaO 含量的增加，钙长石的衍射峰强度先降低，随后逐渐升高，说明灰样熔融程度先降低后升高，这与图 4.16 一致。莫来石的衍射峰强度随着 CaO 含量增加而持续降低，在含量为 13% 时消失，这是由于 CaO 与莫来石反应生成了钙长石和氧化铝（Al_2O_3），涉及的反应如下[25]：

$$CaO + 3Al_2O_3 \cdot 2SiO_2 \longrightarrow CaAl_2Si_2O_8 + 2Al_2O_3 \qquad (4\text{-}15)$$

上述反应生成的氧化铝具有比莫来石更高的熔点（2054℃），导致宿迁气化飞灰熔融温度升高。当添加剂由 CaO 变换为 $CaSO_4$ 时，钙长石和莫来石含量变化趋势不变，但钙长石的衍射峰强度明显更强，同时检测到了 Al_2O_3 的存在。这说明硫含量的增加促进了莫来石向钙长石的转变，生成更多的氧化铝，导致灰熔融温度更高。

在惰性气氛下，添加不同 CaO 和 $CaSO_4$ 含量的聊城气化飞灰在 1300℃下的 XRD 谱图如图 4.18 所示。聊城气化飞灰及添加 CaO 或 $CaSO_4$ 的灰样在 1300℃下主要矿物相为石英和钙长石。随着 CaO 含量的增加，代表钙长石的衍射峰强度逐渐降低，说明灰样熔融程度逐渐增加，这与图 4.16 中结果一致。当添加剂由 CaO 变为 $CaSO_4$ 时，代表钙长石的衍射峰强度明显降低，说明灰样熔融程度增大，可能的原因是硫与灰样中铁形成了 Fe-O-S 低温共熔体及 FeS 等助熔矿物质[26]。

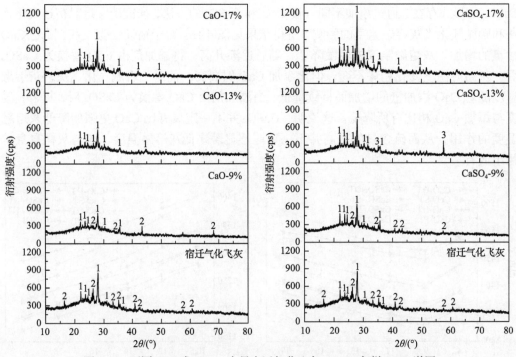

图 4.17　不同 CaO 或 CaSO₄ 含量宿迁气化飞灰 1400℃灰样 XRD 谱图

1.钙长石(CaAl₂Si₂O₈)；2.莫来石(Al₆Si₂O₁₃)；3.氧化铝(Al₂O₃)

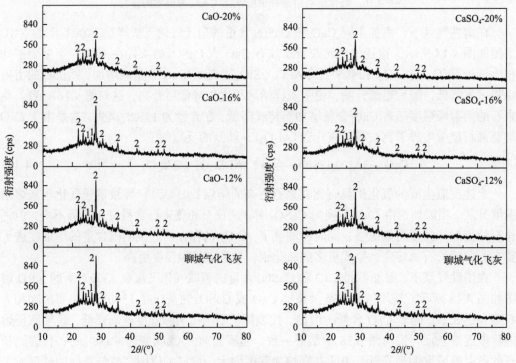

图 4.18　不同 CaO 或 CaSO₄ 含量聊城气化飞灰 1300℃灰样 XRD 谱图

1.石英(SiO₂)；2.钙长石(CaAl₂Si₂O₈)

4.3.3 反应气氛影响

与原煤相比,煤气化飞灰具有粒径较小、挥发分含量低和反应活性差的特点[27],这给其完全转化带来了极大的困难。为保证煤气化飞灰在熔融炉内的充分燃烧,在旋风熔融炉设计中采用了氧气分级燃烧技术,从而围绕在煤气化飞灰颗粒周围的反应气氛会沿着烟气流动方向而变化,这可能会对灰熔融温度产生影响,进而增加旋风熔融炉的排渣难度。为获取反应气氛对煤气化飞灰在高温下灰熔融性的影响,在氧化性、惰性和还原性气氛下测定了宿迁和聊城气化飞灰的灰熔融温度,所得结果见图4.19。显然,两种煤气化飞灰在不同气氛下的灰熔融温度均按如下顺序变化,氧化性>惰性>还原性。灰熔融温度的差异与不同气氛下煤气化飞灰中矿物质,特别是铁元素,在高温下的存在形式不同有关。

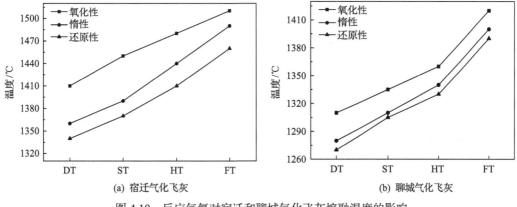

图 4.19 反应气氛对宿迁和聊城气化飞灰熔融温度的影响

将宿迁气化飞灰在815℃下灰化后,在不同气氛下1200~1500℃范围内进行热处理,对得到的高温灰样进行XRD分析,所得结果见图4.20。在三种气氛下,宿迁气化飞灰在高温下的矿物组成相同,主要是石英(SiO$_2$)、钙长石和莫来石。在氧化性气氛下,与1200℃灰样相比,石英的衍射峰强度在1300℃时下降,钙长石和莫来石含量增加。这是由于石英与氧化铝和氧化钙反应生成了钙长石[14]。在1400℃时,石英在XRD谱图上消失,同时钙长石含量迅速降低,但莫来石含量仅发生轻微下降,这与其较高的熔点(1810℃)有关。

在1500℃时,莫来石成为仅存的晶相矿物质。在XRD谱图上20°~35°(2θ)之间存在一个较宽的突起峰,表明其中存在大量的非晶相物质,该衍射峰强度随着温度升高而增强。在惰性和还原性气氛下,发现了相似的矿物质转变过程,但非晶相矿物质的熔融温度有明显提高。例如,在惰性和还原性气氛下,在温度为1500℃时莫来石的衍射峰强度要比氧化性气氛下低一些,按照如下顺序变化:氧化性>惰性>还原性。据此推断,宿迁气化飞灰样达到同一熔融程度所对应的温度按如下顺序变化:氧化性>惰性>还原性,这与图4.19中灰熔融温度的变化趋势相一致。

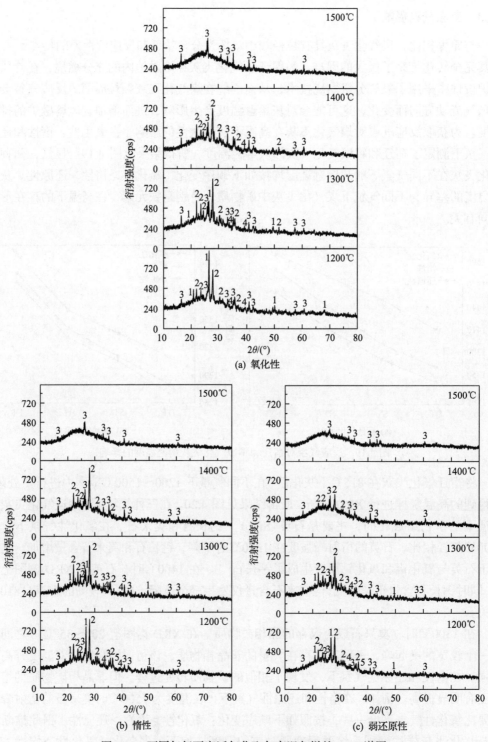

图 4.20 不同气氛下宿迁气化飞灰高温灰样的 XRD 谱图

1.石英(SiO$_2$)；2.钙长石(CaAl$_2$Si$_2$O$_8$)；3.莫来石(Al$_6$Si$_2$O$_{13}$)；4.氧化铁(Fe$_2$O$_3$)；5.铁尖晶石(FeAl$_2$O$_4$)

化学热力学计算已被证实为一种用于预测煤灰矿物质转化行为和灰熔融温度的有效方法[28-30]。采用 FactSage 计算得到的宿迁气化飞灰在 1200℃时不同气氛下的矿物组成见图 4.21。在三种气氛下的矿物组成主要是钙长石和莫来石。与 XRD 分析结果不同，计算中未发现石英的存在，这可能是由于忽略了动力学限制和质量传递的影响。同时，堇青石($Mg_2Al_4Si_5O_{18}$)的存在在 XRD 谱图上未被检测到，这与宿迁气化飞灰中较低的镁含量有关。当反应气氛从氧化性变化为惰性和还原性时，钙长石的含量显著降低，莫来石含量也有轻微下降。对应地，液相组分含量有所增加，导致宿迁气化飞灰熔融温度逐渐降低。

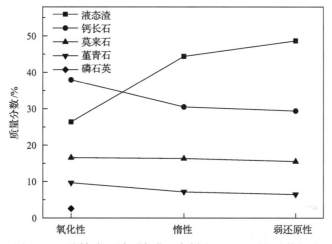

图 4.21　不同气氛下宿迁气化飞灰样在 1200℃时的矿物组成

为了进一步揭示反应气氛对宿迁气化飞灰熔融温度的影响机理，采用 FactSage 计算得到铁元素在不同气氛下的存在形态，如图 4.22 所示。在氧化性气氛和惰性气氛下，铁元素主要以氧化铁和 Fe_2TiO_5 的形式存在；在还原性气氛下，铁元素从 Fe^{3+} 被还原为 Fe^{2+}，主要以硫化亚铁(FeS)、钛铁矿($FeTiO_3$)和亚铁堇青石($Fe_2Al_4Si_5O_{18}$)的形式存在。在 XRD 谱图上，在氧化性气氛下铁元素主要以氧化铁的形式存在，但在惰性和还原性气氛下检测到少量铁尖晶石($FeAl_2O_4$)存在。采用 FactSage 计算得到的氧化性气氛和还原性气氛下铁元素的价态与 XRD 结果基本一致，但所结合的矿物形态有明显不同。此外，在惰性气氛下采用 FactSage 模拟未检测到 Fe^{2+} 的存在，这可能是由于在模拟计算中假设铁元素均以 Fe^{3+} 的形式存在。而实际上，宿迁气化飞灰样中铁元素可能会以 Fe^{3+} 和 Fe^{2+} 两种形式存在。

离子势定义为离子的化合价与半径的比值，这一概念经常用于预测煤灰在高温下的熔融行为[31]。较低的离子势往往与更低的灰熔融温度相关联。Fe^{3+} 的离子势为 4.7，而 Fe^{2+} 的离子势仅为 2.7。结合 XRD 谱图和 FactSage 模拟计算结果，反应气氛对灰熔融温度的影响可能与不同气氛下 Fe^{2+} 和 Fe^{3+} 比例变化有关。在氧化性气氛下，灰样中 Fe^{2+} 倾向于被氧化为 Fe^{3+}，使得 Fe^{2+} 和 Fe^{3+} 比例下降，灰样总离子势增加，灰熔融温度升高。相反地，在还原性气氛下 Fe^{3+} 倾向于被还原为 Fe^{2+}，引起 Fe^{2+}/Fe^{3+} 比例增加，造成灰样总离子势减小，使得灰熔融温度降低。在惰性气氛下灰样中铁元素的化学价态不会发生显著变化。从而可以推断，反应气氛对灰熔融温度的影响程度除了与灰样中铁元素含量有关外，还与其中 Fe^{2+} 和 Fe^{3+} 比例有关。

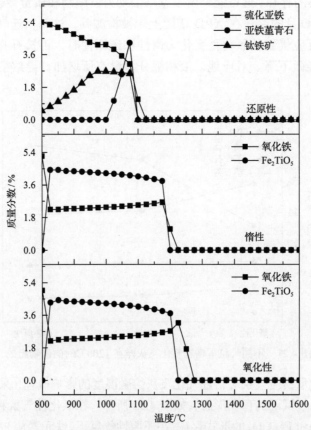

图 4.22　不同气氛下宿迁气化飞灰中铁元素的存在形态

4.3.4　碳含量影响

熔融渣样通常以惰性和玻璃态物质的形式存在，主要由煤灰中矿物组分转化而来。但由于燃料的不完全转化，熔渣中经常会含有一定量的碳[32,33]。在高温下，碳会与灰样中矿物组分发生碳热反应，改变矿物质转变过程，从而对灰熔融特性产生影响[25]。在 Ar 气氛下，碳含量对宿迁和聊城气化飞灰熔融温度的影响如图 4.23 所示。两个样品的灰熔融温度均随着碳含量的增加而显著升高。对于宿迁气化飞灰，当碳含量从 0%增加至 4.41%时，变形温度增加 110℃；而对于聊城气化飞灰，当碳含量从 0%增加至 3.53%时，变形温度提高了约 180℃。样品灰熔融温度随碳含量的变化与高温下矿物质种类和组成含量的变化密切相关，这是煤气化飞灰中未燃尽的碳与原有矿物元素之间发生化学反应所致。

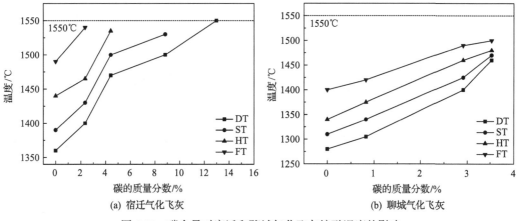

图 4.23 碳含量对宿迁和聊城气化飞灰熔融温度的影响

将不同碳含量的聊城气化飞灰在 Ar 气氛 1200～1400℃下进行高温热处理并进行 XRD 分析，所得矿物相组成见图 4.24。在 1200℃时，灰样中主要矿物相为石英和钙长石。在 1300℃时，石英所对应的衍射峰强度下降，部分转化为钙长石。在 1400℃时，仅有钙长石存在，绝大部分晶相矿物质已经转化为非晶相物质。当碳含量为 0.82%时，非晶相物质含量的增长出现了明显的延迟，但未检测到新的矿物质生成。随着碳含量增加至 3.53%，灰样熔融过程进一步推迟，同时检测到硅铁合金(FeSi)和碳(C)的存在。硅铁合金具有较高的熔点(1410℃)，这可能是该处灰熔融温度升高的主要原因。随着碳含量进一步升高至 7.36%，碳化硅(SiC)、硅单质(Si)和莫来石开始形成，三者熔点分别为 2730℃、1420℃和 1820℃，这些物质的生成导致聊城气化飞灰熔融温度剧烈增长并迅

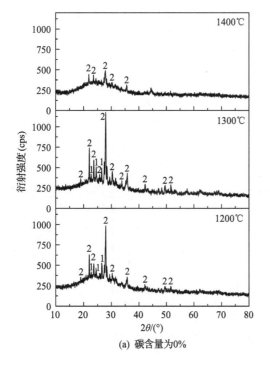

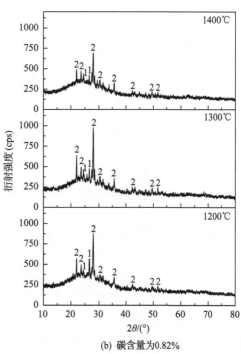

(a) 碳含量为0%　　　　　　　　　(b) 碳含量为0.82%

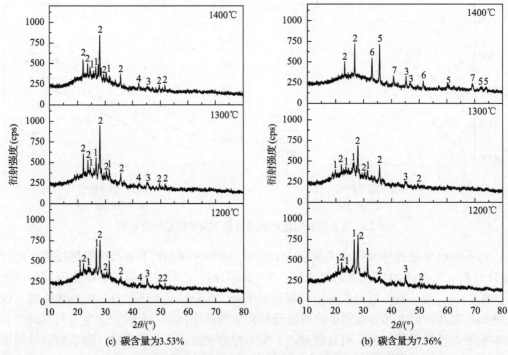

(c) 碳含量为3.53%　　　　　　　　(b) 碳含量为7.36%

图 4.24　不同碳含量聊城气化飞灰样在高温下的 XRD 谱图

1.石英(SiO$_2$)；2.钙长石(CaAl$_2$Si$_2$O$_8$)；3.硅铁合金(FeSi)；4.碳(C)；5.碳化硅(SiC)；6.硅(Si)；7.莫来石(Si$_2$Al$_6$O$_{13}$)

速超过 1550℃。

采用 FactSage 计算得到的不同碳含量的聊城气化飞灰样在 1400℃下的矿物组成见图 4.25。与 XRD 结果相同，钙长石是主要的晶相矿物质。当碳含量从 0%增加到 3.53%时，钙长石的组成含量缓慢增大，液态渣组分含量出现轻微降低。当碳含量为 7.36%时，灰样中晶体矿物质含量出现大幅增加，液态渣组分含量从 80.02%下降至 42.20%，同时

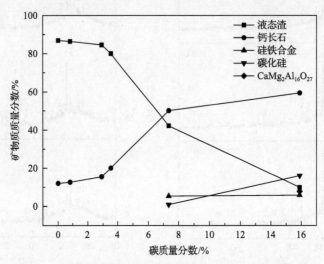

图 4.25　不同碳含量聊城气化飞灰样在 1400℃时的矿物组成

观察到少量硅铁合金和碳化硅的存在。当碳含量增加至 15.89%时，碳化硅含量迅速增加至 16.02%，硅铁合金含量未发生显著变化，最终液态渣组分含量从 42.20%下降至 9.88%。总之，由于未燃尽碳的存在，聊城气化飞灰熔融温度显著提高。此外，在较低碳含量下，碳元素的存在对灰样中矿物质组成影响不大，这与灰熔融温度和 XRD 分析结果有所差异，该问题将在之后讨论。

不同碳含量的聊城气化飞灰在 Ar 气氛 1400℃下热处理后灰样的微观形貌见图 4.26。对于完全灰化、不含有碳的灰样，可以观察到一个整洁致密的平面，只有极少量细小碎片附着。当碳含量为 0.82%时，表面变得粗糙且疏松，同时观察到少量孔隙结构，但表面附着颗粒的边缘仍较为坚硬且锐利。当碳含量增加至 3.53%时，样品表面开始出现凹凸不平，表面颗粒变得松散易碎。在碳含量为 7.36%时，未能观察到一个整体的表面结构，煤灰熔融过程仍在进行中。颗粒表面显得模糊不清，同时观察到大量半球状颗粒附着在表面。总而言之，样品灰熔融程度随着其中碳含量的增加而显著降低，这与灰熔融温度和 XRD 分析结果相一致。

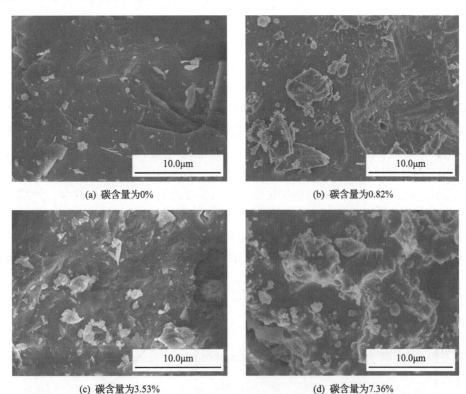

(a) 碳含量为0%　　　　　　　　　　　　　　(b) 碳含量为0.82%

(c) 碳含量为3.53%　　　　　　　　　　　　　(d) 碳含量为7.36%

图 4.26　不同碳含量聊城气化飞灰样在 1400℃下的 SEM 照片

综合考虑 XRD 分析和 FactSage 模拟计算结果，碳含量对灰熔融温度的影响机理可能如下。在较低碳含量下，样品中铁的氧化物首先与碳发生反应，生成单质铁：

$$3C(s) + Fe_2O_3(s) \longrightarrow 2Fe(s) + 3CO(g) \tag{4-16}$$

$$C(s) + FeO(s) \longrightarrow Fe(s) + CO(g) \tag{4-17}$$

随着碳含量进一步增加，石英与碳反应被还原为碳化硅[34]：

$$3C(g) + SiO_2(s) \longrightarrow SiC(s) + 2CO(g) \qquad (4\text{-}18)$$

然而，由于单质铁的存在，碳化硅晶体结构在较低温度下即可被破坏[35]，其中涉及的反应为

$$2SiC(s) + SiO_2(s) \longrightarrow 3Si(s) + 2CO(g) \qquad (4\text{-}19)$$

反应生成的单质硅与铁发生反应生成硅铁合金：

$$Fe(s) + Si(s) \longrightarrow FeSi(s) \qquad (4\text{-}20)$$

这也解释了在碳含量为 3.53%时硅铁合金和碳的存在。随着碳含量进一步增加至 7.36%，碳化硅和单质硅开始产生，这主要是由于灰样中单质铁已经被消耗完毕，这与聊城气化飞灰较低的铁含量有关，仅为 4.10%。XRD 分析与 FactSage 模拟结果的差异可能与计算中引入的氧元素有关。在实际中，灰样中氧元素含量很少，反应气氛被维持为惰性；在模拟计算时，灰样中碳会先与氧元素发生反应生成 CO 和 CO_2，导致碳含量对聊城气化飞灰在高温下矿物质转化和灰熔融性的影响有所延迟。

4.3.5 原料影响

宿迁和聊城气化飞灰在还原性气氛下的黏温特性曲线见图 4.27。通常来说，为保证旋风熔融炉能够实现连续液态排渣，熔融渣样在高温下的黏度应在 25Pa·s 以下[36]。宿迁和聊城气化飞灰黏度为 25Pa·s 时对应的温度分别为 1521℃和 1439℃，这比两者的流动温度要高。但这两个值之间的差别为 82℃，与两者流动温度的差值(70℃)接近。当温度降至 1520℃时，宿迁气化飞灰样的黏度急剧增加，而聊城气化飞灰样的黏度则呈现缓慢上升的趋势。基于黏温特性曲线的变化趋势，高温熔渣可以分为三种类型，分别为结晶渣、塑性渣和玻璃渣[37]。宿迁和聊城气化飞灰在完全熔融时分别属于塑性渣和玻璃渣，这与两者的矿物元素组成含量差异有关。两个样品均属于高硅铝样品($SiO_2 + Al_2O_3$ 质量分数大于 70%)。但聊城气化飞灰样中 SiO_2 和 Al_2O_3 的含量之和比宿迁气化飞灰样要低。

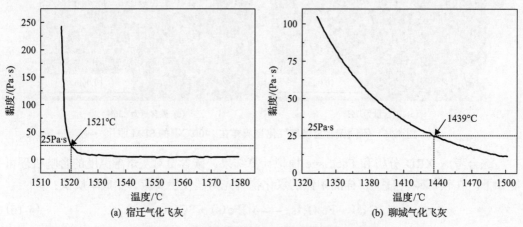

(a) 宿迁气化飞灰　　　　(b) 聊城气化飞灰

图 4.27　宿迁和聊城气化飞灰的黏温特性曲线

前人研究表明，SiO_2 和 Al_2O_3 倾向于强化熔融渣样的网络结构，增强内部剪切力，导致黏度增加[38]。同时聊城气化飞灰的硅铝质量比为 2.04，而宿迁气化飞灰硅铝质量比为 1.52，更高的硅铝质量比往往与更低的黏度相关联[39]。此外，聊城气化飞灰中 CaO 含量更高，可以加速硅酸盐熔体网络的解聚[37]，进而降低熔渣黏度。

采用 FactSage 模拟计算宿迁和聊城气化飞灰样在还原性气氛下 1000～1600℃范围内的矿物相组成，如图 4.28 所示。宿迁气化飞灰样的液相温度为 1575℃，比聊城气化飞灰样高出 125℃，这与两者灰熔融温度和黏温特性曲线的差异基本一致。宿迁气化飞灰样在高温下的主要晶体矿物相为钙长石和莫来石，而聊城气化飞灰样仅为钙长石，高熔点莫来石的存在是宿迁气化飞灰熔融温度比聊城气化飞灰高的主要原因。对于宿迁气化飞灰，在 1400℃以上仅存在莫来石为晶体矿物质，与黏温特性曲线所在温度区域相对比，宿迁气化飞灰样在高温下的黏度变化可能主要受到莫来石降温结晶过程的影响。

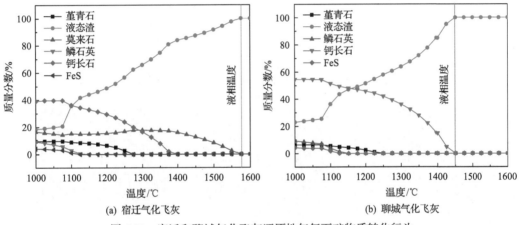

(a) 宿迁气化飞灰　　　　　　　　(b) 聊城气化飞灰

图 4.28　宿迁和聊城气化飞灰还原性气氛下矿物质转化行为

采用高温热台显微镜研究宿迁和聊城气化飞灰样在降温过程中所形成的结晶矿物与渣样类型的关系，如图 4.29 和图 4.30 所示。宿迁气化飞灰样在 1550℃时仍含有少量固体颗粒，而聊城气化飞灰样在 1400℃左右就已经完全熔融。随着温度迅速降低，宿迁和聊城气化飞灰渣样分别在 1351.3～1451.5℃和 1200.1～1300.6℃温度区间内固相颗粒含量显著增加。显然，两种样品在降温过程中形成的结晶颗粒形貌截然不同。宿迁气化飞灰所形成的渣样在结晶过程中形成了树状颗粒，颗粒与颗粒以及颗粒与邻近矿物相纠缠

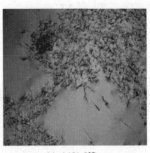

(a) 1549.0℃　　　　　　　(b) 1500.3℃　　　　　　　(c) 1451.5℃

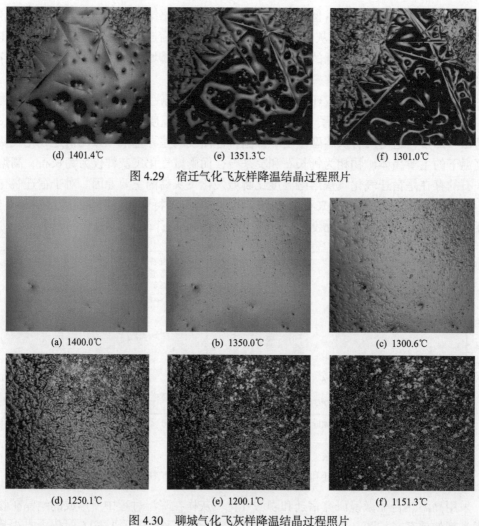

(d) 1401.4℃   (e) 1351.3℃   (f) 1301.0℃

图 4.29　宿迁气化飞灰样降温结晶过程照片

(a) 1400.0℃   (b) 1350.0℃   (c) 1300.6℃

(d) 1250.1℃   (e) 1200.1℃   (f) 1151.3℃

图 4.30　聊城气化飞灰样降温结晶过程照片

在一起；而聊城气化飞灰渣样结晶颗粒呈现出不规则的形状，且分布较为分散。树状颗粒的存在可以强化液态熔渣内部的连接，促进固相颗粒的形成，从而加速渣样黏度的增加[40]。此外，采用高温热台显微镜观察到的两个样品的固化温度与黏温特性曲线存在较大的偏离，这可能与两种方法不同的降温速率有关。在黏温特性测试过程中，所选降温速率较小，仅为 2℃/min，而在降温结晶观察时降温速率高达 100℃/min。大量研究结论表明[41,42]，降温速率对所生成结晶矿物质的形态有重要的影响。

4.4　添加剂对灰熔融特性的影响

4.4.1　CaO 影响

对于灰熔融温度较高的气化飞灰，高温气化过程中容易在熔融炉的排渣口处产生结渣现象。利用钙基、铁基助熔剂可调节气化飞灰熔融特性，为气化飞灰熔融炉顺利排渣、安全稳定运行提供指导。首先研究 CaO 对气化飞灰灰分熔融特性的影响规律。CaO 本身熔点很高，但它属于碱性氧化物，有助熔作用，是形成低熔点共熔体的重要组成部分。为了研究 CaO 对气化飞灰熔融特征温度的影响，在自动灰熔融性测定仪中分析弱还原气氛下添加 CaO 后气化飞灰的熔融特征温度。

　　图 4.31 是添加 CaO 后茌平气化飞灰的熔融温度曲线。由图可知，随着 CaO 添加量的增加，茌平气化飞灰的熔融温度先降低后升高。当 CaO 的添加比例为 20% 时，茌平气化飞灰的熔融温度最低。半球温度(HT)下降了 120℃，软化温度(ST)下降了 75℃，流动温度(FT)下降了 48℃，变形温度(DT)下降了 35℃。当灰中 CaO 含量继续上升时，茌平气化飞灰的熔融温度有小幅的上升。由此可见，气化飞灰的熔融温度与 CaO 添加比例的关系并非简单的线性关系。总体而言，CaO 可以起到降低气化飞灰熔融温度的作用。CaO 的助熔效果与 CaO 的添加量以及气化飞灰的种类有关。在某一范围内，气化飞灰的熔融温度随着 CaO 添加比例的提高而降低。但是当 CaO 的添加比例超过这一范围时，添加过量的 CaO 反而会造成气化飞灰熔融温度的提高。

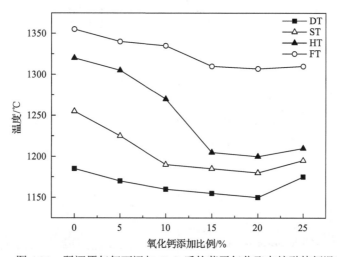

图 4.31　弱还原气氛下添加 CaO 后的茌平气化飞灰熔融特征温度

　　图 4.32 是添加不同比例 CaO 的茌平气化飞灰高温 XRD 谱图。图 4.32(a) 是未添加 CaO 的茌平气化飞灰(CP)的高温 XRD 谱图。由图可知，1000℃ 时茌平气化飞灰中主要的矿物质是石英(SiO_2)，以及少量的陨硫钙石(CaS)和钙长石($CaO·Al_2O_3·2SiO_2$)。钙长石主要是由灰中的偏高岭石与 CaO 反应生成的。当温度上升到 1200℃ 时，石英的含量急剧下降，此时灰中的主要矿物质是钙长石，同时检测到铁辉石($FeSiO_3$)。当温度上升到 1300℃ 时，石英消失，钙长石成为主要的矿物质，检测到磁铁矿(Fe_3O_4)。在升温过程中，石英的含量逐渐降低的原因在于一部分石英和 Al_2O_3 生成钙长石，一部分转化为玻璃态。在弱还原气氛下，赤铁矿被还原成磁铁矿。推测灰中发生的矿物质反应为

$$CaO + 2SiO_2 + Al_2O_3 \longrightarrow CaO·Al_2O_3·2SiO_2 \tag{4-21}$$

$$3Fe_2O_3 + CO \longrightarrow 2Fe_3O_4 + CO_2 \tag{4-22}$$

图 4.32（b）是 CP-5%CaO 的高温 XRD 谱图。1000℃时，灰中的主要矿物质仍然是石英，同时还有陨硫钙石、石灰以及钙长石。当温度上升到 1200℃时，灰中的主要矿物质变成钙长石，石英含量下降。当温度上升到 1300℃时，石英消失，只能检测到钙长石。但是与未添加 CaO 的灰相比，钙长石的含量下降。推测灰中的钙、铁相互作用，生成了低温共熔体，从而导致灰的熔融温度降低。

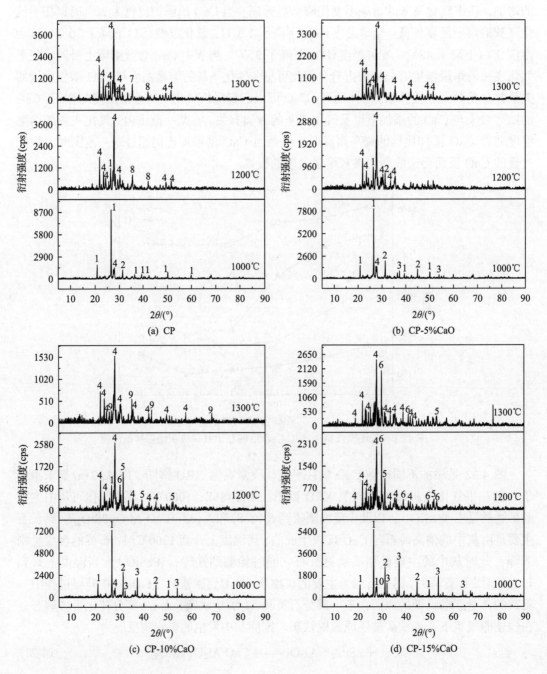

(a) CP (b) CP-5%CaO

(c) CP-10%CaO (d) CP-15%CaO

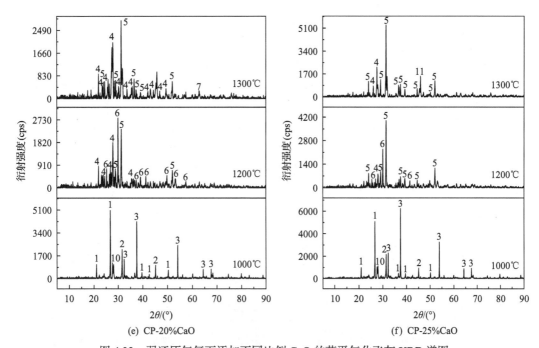

图 4.32 弱还原气氛下添加不同比例 CaO 的茌平气化飞灰 XRD 谱图

1.石英；2.陨硫钙石；3.石灰；4.钙长石；5.钙黄长石；6.硅灰石；7.磁铁矿；8.铁辉石；9.刚玉；10.钠长石；11.假硅灰石

图 4.32 (c) 是 CP-10%CaO 的高温 XRD 谱图。1000℃时，灰中的矿物质成分与 CP-5%CaO 相似，但是石英的含量下降而陨硫钙石与石灰的含量上升。当温度上升到 1200℃时，灰中的主要矿物质成分是钙长石、钙黄长石 ($2CaO \cdot Al_2O_3 \cdot 2SiO_2$) 与硅灰石 ($CaSiO_3$)。灰中多余的石灰与钙长石反应生成钙黄长石。而石灰与石英反应生成硅灰石。1300℃时，灰中的主要矿物质是钙长石，钙黄长石与硅灰石消失，不过钙长石的含量与 CP-5%CaO 相比有所下降，推测是灰中的钙长石与钙黄长石、硅灰石等含钙硅酸盐发生低温共熔从而导致其逐渐熔解，而灰熔融温度进一步降低。灰中发生的矿物质转变关系为

$$CaO \cdot Al_2O_3 \cdot 2SiO_2 + CaO \longrightarrow 2CaO \cdot Al_2O_3 \cdot 2SiO_2 \tag{4-23}$$

$$CaO + SiO_2 \longrightarrow CaO \cdot SiO_2 \tag{4-24}$$

图 4.32 (d) 是 CP-15%CaO 的高温 XRD 谱图。1000℃时，灰中的主要矿物质是石英、陨硫钙石与石灰。当温度上升到 1200℃时，灰中的主要矿物质是钙长石、硅灰石与钙黄长石。硅灰石的含量超过了钙长石。当温度继续上升到 1300℃时，钙黄长石消失，钙长石的含量上升而硅灰石的含量降低。

图 4.32 (e) 是 CP-20%CaO 在弱还原气氛下的高温 XRD 谱图。随着灰中 CaO 比例的提高，高温下茌平气化飞灰中的主要矿物质变成了硅灰石与钙黄长石。它们与钙长石容易生成低温共熔物，从而导致灰熔融温度降低。

图 4.32 (f) 是 CP-25%CaO 的高温 XRD 谱图。随着灰中 CaO 比例的进一步提高，茌平气化飞灰熔融温度有所上升。这是因为高温下灰中出现了大量的钙黄长石(熔点 1590℃)矿物质。钙黄长石与钙长石以及硅灰石之间虽然会形成低温共熔物，但由于钙黄

长石量远多于钙长石与硅灰石，形成的低温共熔物有限，仍然有过量的钙黄长石单独存在，从而导致茌平气化飞灰的熔融温度上升。

图 4.33 是 1300℃ 添加不同比例 CaO 的茌平气化细粉形成的灰渣的 SEM 图像。由图 4.33(a)、(b) 可以看出，1300℃ 下 CP-5%CaO 形成的灰渣与原灰的灰渣的表观形貌近似。灰渣中的颗粒主要呈现为大小不一、形状极其不规律的块状，存在由不同的物质团聚成的大颗粒。大颗粒的表面凹凸不平、较为粗糙，同时黏附有大小不一、形状各异的小颗粒。由图 4.33(c)、(d) 可以看出，随着灰中 CaO 添加比例的提升，高温下灰渣的表观形态发生了较大的变化。块状颗粒的表面变得光滑平整并出现很多圆形孔洞，表面黏附的颗粒物变少。这说明随着灰中 CaO 添加比例的提高，茌平气化飞灰在高温下的熔融加剧。当灰中 CaO 的添加比例提高到 25% 时，由图 4.33(e) 可知，颗粒表面又变得崎岖不平、

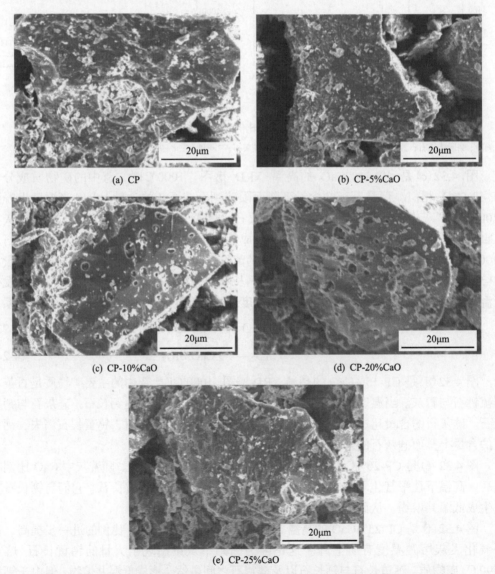

图 4.33　1300℃ 下添加不同比例 CaO 助熔剂的茌平气化飞灰形成的灰渣 SEM 照片

黏附颗粒物增多，说明此时茌平气化飞灰的熔融性变差。结合 XRD 分析结果，此时灰渣中含有较多的钙黄长石晶体矿物质。

4.4.2 Fe$_2$O$_3$ 影响

图 4.34 是弱还原气氛下添加了 Fe$_2$O$_3$ 后的茌平气化飞灰的熔融特征温度曲线。由图可知，Fe$_2$O$_3$ 对茌平气化飞灰有明显的助熔作用。随着灰中 Fe$_2$O$_3$ 比例的提高，茌平气化飞灰的熔融温度先急剧下降后变化不大。当 Fe$_2$O$_3$ 的添加比例为 20%时，茌平气化飞灰的熔融温度降到最低，与未添加 Fe$_2$O$_3$ 的茌平气化飞灰相比，DT 下降了 130℃，ST 下降了 175℃，HT 下降了 225℃，FT 下降了 190℃。

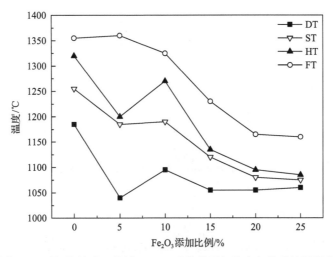

图 4.34 弱还原气氛下添加 Fe$_2$O$_3$ 后的茌平气化飞灰熔融特征温度

图 4.35 是弱还原气氛(CO 与 CO$_2$ 体积比为 6∶4)下添加了 Fe$_2$O$_3$ 助熔剂后的茌平气

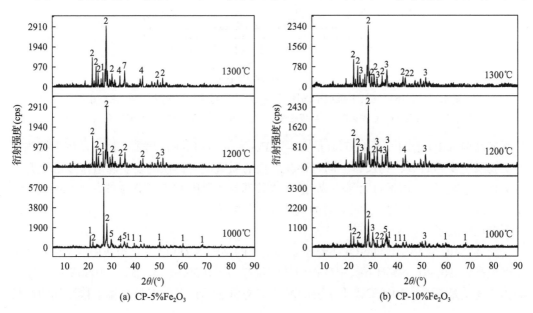

(a) CP-5%Fe$_2$O$_3$　　　　　　　　　(b) CP-10%Fe$_2$O$_3$

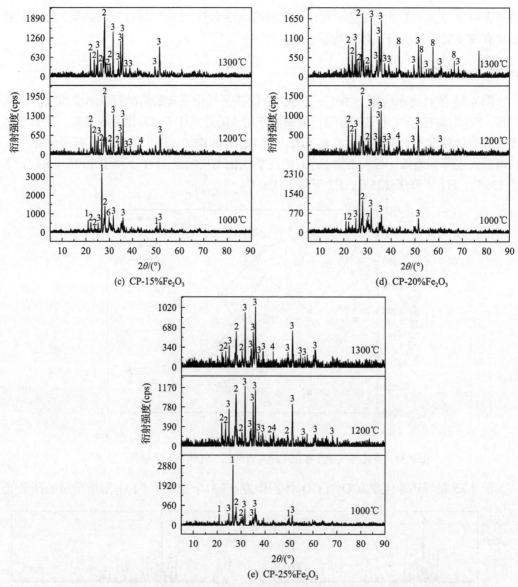

图 4.35　弱还原气氛下添加不同比例 Fe_2O_3 助熔剂的茌平气化飞灰 XRD 谱图

1. 石英；2. 钙长石；3. 铁橄榄石；4. 陨硫铁；5. 钙铁辉石；6. 钙铁矿石；7. 磁铁矿；8. 刚玉

化飞灰高温 XRD 谱图。图 4.35（a）是 CP-5%Fe_2O_3 的高温 XRD 谱图。1000℃灰中检测到的矿物质主要是石英、钙长石。同时存在少量的陨硫铁与钙铁辉石。随着温度的上升，石英含量急剧下降，钙长石大量生成。造成这种现象的原因在于石英与灰中的 CaO、Al_2O_3 反应生成钙长石。同时在 1300℃时的灰中还检测到陨硫铁与磁铁矿。灰中的赤铁矿在高温下被还原成了磁铁矿。

图 4.35（b）是 CP-10%Fe_2O_3 在弱还原气氛下的高温 XRD 谱图。当灰中的 Fe_2O_3 添加比例提高到 10%时，高温下灰中矿物质转变规律与 CP-5%Fe_2O_3 相似，1000℃时主要的晶体矿物质是石英，1000℃以上主要的晶体矿物质是钙长石，但是高温下检测到的钙长

石衍射峰变弱，说明钙长石的熔融现象加剧。同时，1000℃灰中出现了铁橄榄石，并且在 1300℃时铁橄榄石仍然存在。灰中的赤铁矿在弱还原气氛下被还原成 FeO，FeO 在高温下与煤灰中其他铝硅酸盐反应生成铁橄榄石等含铁硅酸盐，铁橄榄石在高温下容易与钙长石等矿物质发生低温共熔，从而导致气化飞灰熔融温度下降。

如图 4.35（c）、（d）、（e）所示，随着灰中 Fe_2O_3 添加量的进一步提高，高温下茌平气化飞灰中生成的铁橄榄石矿物质的含量也逐渐增加，而钙长石的生成量逐渐减少，气化飞灰的熔融性逐步得到改善。钙长石生成量的减少有三方面的原因：一是因为它的生成受到灰中铁橄榄石生成的竞争影响；二是高温下钙长石可以与 FeO 反应生成铁橄榄石；三是因为高温下钙长石与灰中的其他硅铝酸盐矿物质发生低温共熔而逐渐熔解。当 Fe_2O_3 的添加比例上升到 25%时，钙硅铝酸盐含量由于铁硅酸盐生成的竞争反应而急剧下降，高温下灰中的铁橄榄石矿物质含量超过了钙长石，成为灰中主要的矿物质。推测发生的反应包括

$$2Fe_2O_3 \longrightarrow 4FeO + O_2 \tag{4-25}$$

$$2FeO + SiO_2 \longrightarrow 2FeO{\cdot}SiO_2 \tag{4-26}$$

$$CaO{\cdot}Al_2O_3{\cdot}2SiO_2 + 2FeO \longrightarrow 2FeO{\cdot}SiO_2 + Al_2O_3 + CaO \tag{4-27}$$

为了进一步加深关于 Fe_2O_3 助熔剂对气化飞灰熔融特性影响的理解，利用 SEM 观察添加不同比例 Fe_2O_3 助熔剂的茌平气化飞灰、宿迁气化飞灰在 1300℃下形成的高温灰渣颗粒表面的形貌特征如图 4.36 所示。图 4.36（a）为 1300℃下添加 5%Fe_2O_3 助熔剂的茌平气化飞灰形成的灰渣放大 1000 倍的 SEM 图像。由图可知，此时形成的高温灰渣颗粒主要呈现不规则的块状，颗粒表面较为粗糙并且黏附有大小不一的颗粒。由图 4.36（b）、（c）、

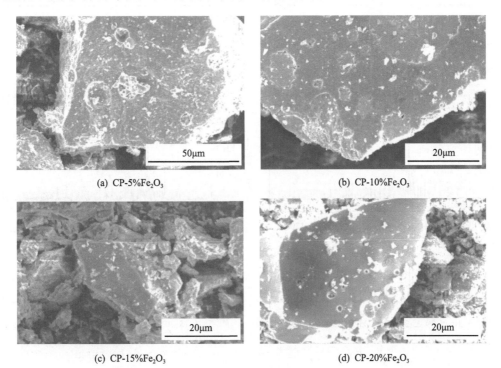

(a) CP-5%Fe₂O₃ 　　　　　　　　　　　 (b) CP-10%Fe₂O₃

(c) CP-15%Fe₂O₃ 　　　　　　　　　　　 (d) CP-20%Fe₂O₃

(e) CP-25%Fe₂O₃

图 4.36　1300℃下添加不同比例 Fe₂O₃ 助熔剂的茌平气化飞灰形成的灰渣 SEM 结果

（d）、（e）可知，随着茌平气化飞灰中 Fe₂O₃ 助熔剂添加比例的提高，颗粒表面逐渐变得光滑并且黏附的颗粒物数量变得越来越少。这说明，随着茌平气化飞灰中 Fe₂O₃ 添加比例提高，茌平气化飞灰的熔融性得到了逐步改善。

4.4.3　FeO 影响

图 4.37 是弱还原气氛下添加不同比例 FeO 助熔剂和不同温度下宿迁气化飞灰的 XRD 谱图。图 4.37（a）是经历 1300℃、1400℃和 1500℃高温处理之后的 XRD 检测结果。由图可知，1300℃时，宿迁气化飞灰中主要存在的矿物质有石英、钙长石、莫来石，同时有少量陨硫铁（FeS）和硅线石（$Al_2O_3 \cdot SiO_2$）存在。硅线石是莫来石的前驱体，与灰中的 Al_2O_3 以及 SiO_2 一同反应生成莫来石。此时气化飞灰中还包含许多长石类物质如拉长石等。随着温度的上升，当达到 1400℃时，气化飞灰中矿物质的种类有所减少，含量也有

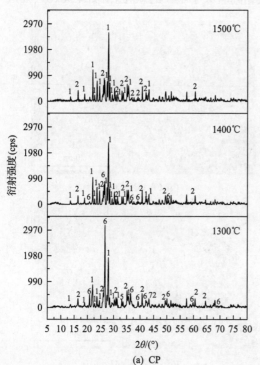

(a) CP

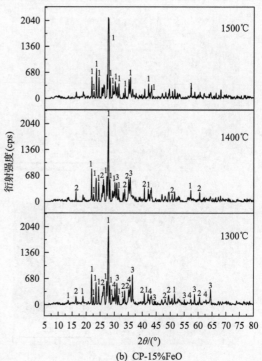

(b) CP-15%FeO

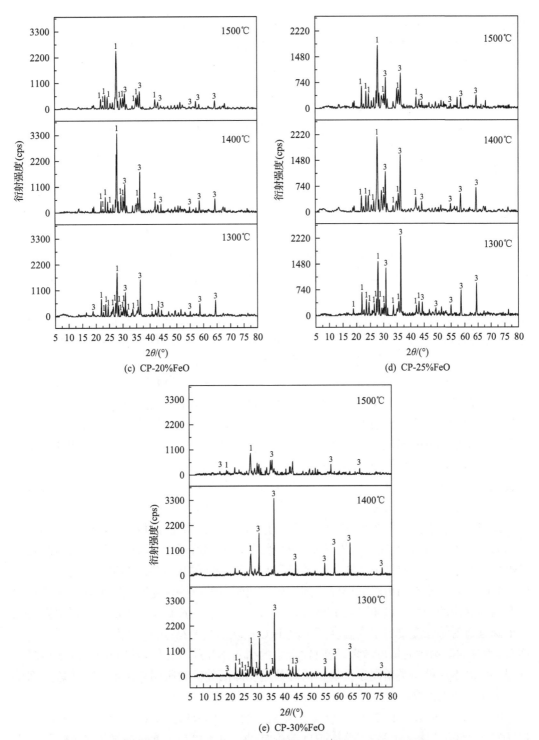

图 4.37 弱还原气氛下添加不同比例 FeO 助熔剂和温度下宿迁气化飞灰的 XRD 图谱

1.钙长石；2.莫来石；3.铁尖晶石；4.磁铁矿；5.硅线石；6.石英；7.陨硫铁

所改变，钙长石、石英、莫来石大量存在于灰渣中，相比于1300℃时，石英衍射峰强度大幅下降，钙长石衍射峰强度上升，这是因为石英参与了钙长石矿物的生成。莫来石衍射峰强度基本不变。莫来石是气化飞灰中常见的阻熔矿物质，莫来石的大量存在是宿迁气化飞灰四个特征温度较高的主要原因。温度继续上升到1500℃，石英衍射峰消失，只有钙长石晶体和莫来石晶体存在。灰渣中非晶相越来越多，熔融态物质增加。在整个升温过程中，石英含量大幅下降，一是因为石英是生成钙长石以及莫来石的重要反应物，二是随着温度升高，逐渐熔融转化为玻璃态。随着反应的进行和温度的上升，钙长石逐渐积累，所以衍射峰强度越来越大。

图 4.37(b) 为添加了 15%FeO 之后的宿迁气化飞灰在弱还原性气氛中高温灼烧到1300℃时的 XRD 分析结果。此时，相比于宿迁气化飞灰原灰，石英衍射峰消失，莫来石和铁尖晶石($FeO \cdot Al_2O_3$)以及钙长石成为灰中的主导矿物质。从图中可知，此时钙长石的衍射峰强度要高于宿迁气化飞灰原灰 1300℃下的衍射峰强度。推测石英的大量消耗促成了钙长石的大量生成。氧化亚铁会与气化飞灰中的刚玉或者其他硅铝酸盐反应生成铁尖晶石。随着温度的上升，1400℃时，钙长石、莫来石与铁尖晶石在灰渣中存在，相比于宿迁气化飞灰原灰，此时并未检测到石英的存在，取而代之的是铁尖晶石的大量生成，主要是因为石英参与了钙长石的反应被大量消耗，但此时钙长石的衍射峰强度却变化不大，反而铁尖晶石的衍射峰强度有所下降，说明此时铁尖晶石与钙长石发生了低温共熔。这也是添加 FeO 之后，气化飞灰特征温度下降的主要原因。当温度上升到 1500℃时，只有钙长石存在于灰渣中，莫来石的生成受到抑制，并且莫来石作为重要反应物会参与其他矿物质的生成，因此衍射峰消失。铁尖晶石与钙长石发生低温共熔进入灰渣的非晶相部分，并未检测到铁橄榄石的生成，推测其更易与钙长石以及灰中其他硅铝酸盐矿物质发生低温共熔。FeO 降低宿迁气化飞灰四个特征温度的主要原因，除大量生成的钙长石、铁尖晶石等铁质矿物质易发生低温共熔以外，还有对阻熔矿物质莫来石生成的抑制作用。整个温升过程中，钙长石占据主导地位，莫来石一直减少直到检测不到。

图 4.37(c) 是添加了 20% FeO 之后宿迁气化飞灰在弱还原气氛下，经历 1300℃、1400℃和 1500℃高温处理之后的 XRD 分析结果。如图所示，灰渣中可以大量检测到的矿物质主要有钙长石与铁尖晶石，相较于添加 15% FeO 的灰渣检测结果，矿物质种类减少，1300℃时莫来石衍射峰就已经检测不到，此时四种灰熔融温度继续下降。随着温度的升高和反应的进行，1300℃到 1500℃的温升过程中，钙长石与铁尖晶石的量都先上升后下降且衍射峰强度要高于同温度下 15% FeO 的灰渣检测结果，推测由于 FeO 添加量的增多，生成的矿物质的量也增多，同时铁元素的引入本身就会先使得钙长石生成量增多。低温共熔的本质就是类质同象替代，低温共熔物即两种矿物质相互作用之后的熔点都低于对应矿物质的混合物。

图 4.37(d) 是添加了 25% FeO 之后宿迁气化飞灰在弱还原气氛下，经历 1300℃、1400℃和 1500℃高温处理之后的 XRD 检测结果。由图可知，此时在气化飞灰熔融过程中已经检测不到起骨架作用的石英以及莫来石，随着温度上升和反应进行，钙长石以及铁尖晶石的生成反应是宿迁气化飞灰中的两个主导反应。铁尖晶石含量逐渐下降，主要原因有两个，一是与钙长石形成低温共熔物；二是温度升高逐渐熔融。钙长石生成量先

是随着反应的进行不断增多，后又因形成低温共熔物被消耗含量有所下降。比较 20% FeO 的灰渣样品同温度下钙长石的 XRD 的衍射峰强度，结果是钙长石的生成量都有所降低，铁尖晶石的生成量则在高温下有所上升，这说明，铁尖晶石正在逐渐取代钙长石成为在灰渣含量最高的矿物质。但此时的铁尖晶石和钙长石的衍射峰强度在四个添加含量中都是最低的，说明两者形成了大量的低温共熔物，并且相较于灰中的其他矿物质，钙长石、铁尖晶石本身就为低熔点矿物质，在此含量下又为灰中的主导矿物质，再加上莫来石等阻熔矿物质的生成受到了抑制，因此 FeO 添加含量为 25% 时，气化飞灰的四个特征温度最低。

　　图 4.37（e）是添加了 30% FeO 之后宿迁气化飞灰在弱还原气氛下，经历 1300℃、1400℃和 1500℃高温处理之后的 XRD 检测结果。如图所示，随着温度的上升和反应的进行，各个温度下的主要矿物质都为钙长石和铁尖晶石。此时，铁尖晶石在气化飞灰中的含量远高于钙长石，在 1400℃时衍射峰强度最大，说明铁尖晶石大量生成，与钙长石低温共熔的作用已经无法消耗掉全部的生成量，这种晶体的大量析出导致 30% 含量下四个特征温度上升。但当温度达到 1500℃时，整个体系的有序性下降，非晶态物质逐渐增多，铁尖晶石因发生熔融而衍射峰强度下降。

　　图 4.38 是宿迁气化飞灰在经历 1300℃高温处理后放大 2000 倍的不同 FeO 含量下的微观形貌。由图可知，灰渣中渣块大小不一，黏附严重，表面崎岖不平，添加 FeO 后，

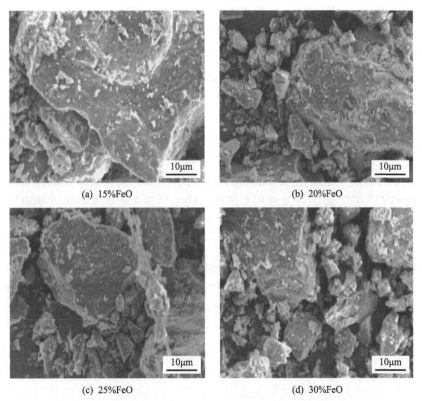

图 4.38　添加不同比例 FeO 助熔剂宿迁气化飞灰微观形貌

表面出现熔坑，也从侧面反映出熔融加剧。通过对比可以发现，图 4.38(a)、(b)、(c)中，随着添加含量的增加，大块熔渣上的黏附物越来越少，说明此时熔融加剧，小体积颗粒黏附物熔融，颗粒之间有黏结现象。但当添加含量为 30% 时，灰熔融温度上升，此时大块灰渣黏附物增加，这与 XRD 分析结果一致，铁尖晶石过量生成致使灰熔融温度增高。

4.4.4　FeS 影响

图 4.39 是弱还原气氛下添加不同比例 FeS 助熔剂和不同温度下宿迁气化飞灰的 XRD 谱图。图 4.39(a) 是添加 15% FeS 之后宿迁气化飞灰在经历 1300℃、1400℃ 和 1500℃ 高温处理后的 XRD 谱图。温度上升到 1300℃ 时，钙长石、铁尖晶石、陨硫铁以及石英在宿迁气化飞灰中占据主导地位，同时有少量莫来石生成。只添加 FeO 时，生成的为钙长石、铁尖晶石以及莫来石。而此时石英还存在，推测 FeS 的加入抑制了钙长石的生成。铁尖晶石含量也有所下降。陨硫铁的存在也并未起到抑制莫来石生成的作用。1400℃ 时，钙长石、陨硫铁、石英、铁尖晶石依然在宿迁气化飞灰中占据主导地位。莫来石、铁尖晶石含量基本不变。钙长石含量略有上升，陨硫铁以及石英含量大量下降。

图 4.39(b) 是添加 20% FeS 之后的宿迁气化飞灰在经历 1300℃、1400℃ 和 1500℃ 高温处理后的 XRD 谱图。在 1300℃ 时，钙长石、陨硫铁以及铁尖晶石在宿迁气化飞灰中大量存在，莫来石衍射峰较弱。当温度达到 1400℃ 时，钙长石、陨硫铁以及铁尖晶石在气化飞灰中依然占有主导地位，莫来石含量基本不变，钙长石生成量略有上升，陨硫铁生成量略有下降，铁尖晶石含量略有下降。温度继续升高到 1500℃ 时，钙长石在气化飞灰中占有主导地位，同时伴随有莫来石和铁尖晶石存在。钙长石生成量略有上升，铁尖晶石以及陨硫铁含量大大下降，莫来石含量基本不变。添加 FeS 后的气化飞灰中存在多的物质是陨硫铁，且随着温度上升，陨硫铁含量下降，推测一方面是由于陨硫铁自身随着温度上升而熔融，另一方面是形成了 FeO-FeS 低温共熔体。在此含量下，随着温度上升，钙长石含量基本不变，陨硫铁含量下降，莫来石含量基本不变，铁尖晶石含量基本不变。相比于同温度下添加 15% FeS 的 XRD 分析结果，钙长石衍射峰强度有所下降，陨硫铁含量略有上升，莫来石含量基本不变，铁尖晶石含量基本不变。推测此时多生成的含铁矿物质与钙长石等发生低温共熔，消耗了部分钙长石。

图 4.39(c) 是添加 25% FeS 之后的宿迁气化飞灰在经历 1300℃、1400℃ 和 1500℃ 高温处理后的 XRD 谱图。1300℃ 时，气化飞灰中主要存在的矿物质有钙长石、陨硫铁、铁尖晶石以及莫来石。铁尖晶石在气化飞灰中衍射峰的强度几乎和钙长石一致，陨硫铁的衍射峰也较强，气化飞灰中也存在一定量的莫来石。1400℃ 时，矿物质陨硫铁、钙长石与铁尖晶石仍大量存在于宿迁气化飞灰中，陨硫铁衍射峰强度增加，几乎在灰中占据主导地位，钙长石含量增加，莫来石含量基本不变。当温度上升到 1500℃ 时，钙长石和陨硫铁在气化飞灰中大量存在。钙长石含量略有上升，陨硫铁含量略有下降，莫来石含量基本不变。在添加 FeO 的宿迁气化飞灰中，主要存在的矿物质是铁尖晶石与钙长石，莫来石会使得灰熔融温度上升。而在添加相同 FeS 含量的宿迁气化飞灰中，随着温度升高，

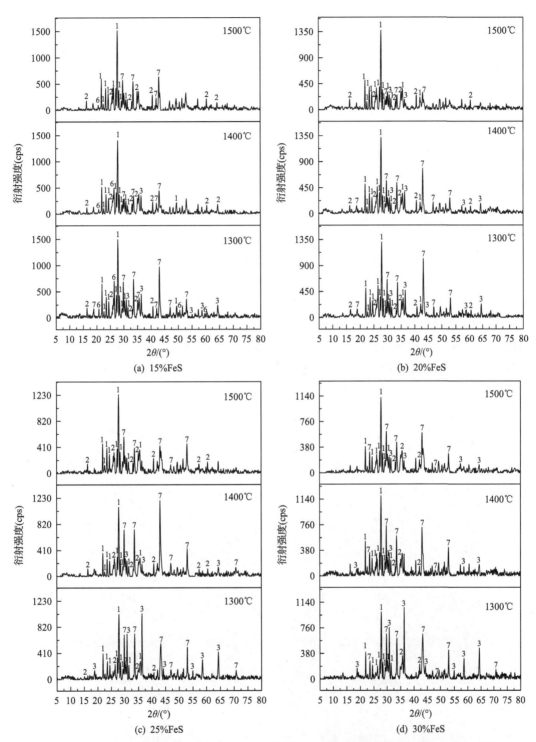

图 4.39 弱还原气氛下添加不同比例 FeS 助熔剂和不同温度下宿迁气化飞灰的 XRD 谱图
1.钙长石；2.莫来石；3.铁尖晶石；6.石英；7.陨硫铁

钙长石生成量逐渐增多，陨硫铁生成量先增多后下降，莫来石含量基本不变，铁尖晶石含量下降。相比于 20% FeS 添加含量的宿迁气化飞灰，钙长石含量有所下降，陨硫铁含量上升，莫来石含量基本不变，但铁尖晶石含量下降明显，助熔矿物质铁尖晶石的下降也从侧面反映了灰熔融温度的上升。

图 4.39（d）是添加 30% FeS 之后的宿迁气化飞灰在经历 1300℃、1400℃和 1500℃高温处理后的 XRD 谱图。1300℃时，铁尖晶石的衍射峰最强，钙长石也占据主导地位，同时陨硫铁生成量也较多，莫来石含量较低。当温度上升到 1400℃时，钙长石、铁尖晶石以及陨硫铁含量依然在气化飞灰中占据主导地位，同时有莫来石生成，且生成量基本不变。钙长石含量上升，陨硫铁及铁尖晶石含量下降。1500℃时，陨硫铁和钙长石在灰中大量存在，并且钙长石生成量继续上升，陨硫铁及铁尖晶石含量下降。莫来石含量基本不变。添加相同比例的 FeO 时，随着温度上升，气化飞灰中主要存在的矿物质是钙长石与铁尖晶石。添加 3% FeS 时，铁尖晶石含量也在气化飞灰中占据主导地位，并随着温度上升逐渐下降。这一部分是因为自身熔融衍射峰强度逐渐下降，另一部分是因为与灰中其他钙质硅铝酸盐形成低温共熔物。在 FeS 添加含量为 30% 时，随着温度逐渐上升，钙长石生成量逐渐上升，陨硫铁含量略有下降，铁尖晶石含量逐渐下降，莫来石含量基本不变。

图 4.40 是添加不同比例 FeS 之后的宿迁气化飞灰经历 1300℃后放大 2000 倍的微观结构图。从图 4.40 中可以看出，出现了大量轻质片状聚集体，表面粗糙，凹凸不平，细小熔坑遍布，随着 FeS 含量的上升，这种碎屑状物质逐渐增多，质地疏松，黏附颗粒明显增大，灰渣破碎现象严重，絮状结构明显。

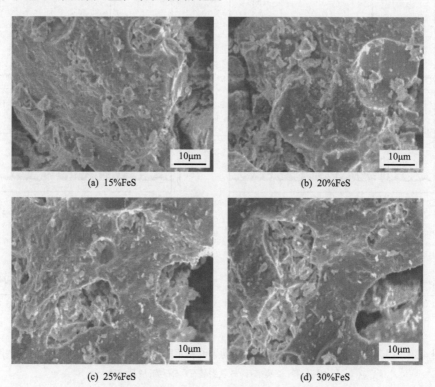

(a) 15%FeS   (b) 20%FeS

(c) 25%FeS   (d) 30%FeS

图 4.40 添加不同比例 FeS 助熔剂宿迁气化飞灰微观形貌

4.5　小　　结

气化飞灰的熔融特性是利用流化熔融工艺开展资源化利用的基础。本章以工业循环流化床产生的气化飞灰为研究对象，介绍了熔融特性的分析方法及高温熔融过程，并探究物料性质、反应条件与添加剂对熔融特性的影响规律，主要结论如下。

(1)气化飞灰在高温下灰样的主要矿物相为石英、钙长石、钙镁辉石和氧化铁，钙长石的生成和逐渐熔融是主要矿物质转化行为，决定其熔融特性。

(2)宿迁气化飞灰熔融温度随粒径增大而逐渐升高，聊城气化飞灰熔融温度变化不大，这与硅铝质量比密切相关。硫含量的增加促进了莫来石向钙长石的转变，导致宿迁气化飞灰熔融温度升高，而聊城气化飞灰熔融温度受 FeS 等助熔矿物质影响有所降低。宿迁和聊城气化飞灰在不同气氛下的灰熔融温度遵循如下顺序：氧化性＞惰性＞还原性，受铁元素价态的显著影响。随着灰样中碳含量的增加，高熔点矿物质生成，宿迁和聊城气化飞灰熔融温度均显著提高。聊城气化飞灰完全熔融后倾向于形成玻璃渣，而宿迁气化飞灰倾向于形成塑性渣。

(3)气化飞灰的熔融温度随着 CaO 添加比例的提高而降低，但添加比例超过 25%会出现过量的钙黄长石，造成灰熔融温度提高。提高 Fe_2O_3 添加比例将逐步改善气化飞灰的熔融性。增加 FeO 添加比例会降低气化飞灰的熔融温度，当添加比例为 30%时，铁尖晶石过量生成致使灰熔温度增高。添加 FeS 会改变钙长石、陨硫铁和铁尖晶石的含量，影响助熔效果。

参 考 文 献

[1] Ding L, Zhou Z J, Dai Z H, et al. Effects of coal drying on the pyrolysis and in-situ gasification characteristics of lignite coals[J]. Applied Energy, 2015, 155:660-670.

[2] Bale C W, Bélisle E, Chartrand P, et al. FactSage thermochemical software and databases, 2010–2016[J]. Calphad, 2016, 54:35-53.

[3] Bonilla-Petriciolet A, del Rosario Moreno-Virgen M, Soto-Bernal J J. Global Gibbs free energy minimization in reactive systems via harmony search[J]. International Journal of Chemical Reactor Engineering, 2012, 10(1):1-23.

[4] Song W J, Sun Y M, Wu Y Q, et al. Measurement and simulation of flow properties of coal ash slag in coal gasification[J]. AIChE Journal, 2011, 57(3):801-818.

[5] Yu K S, Lu Q G, Liu W W, et al. Design and operation of circulating fluidized bed gasifier with fuel gas production capacity of 40000 Nm³/h[C]//The 5th International Symposium on Gasification and Its Applications, Busan, 2016.

[6] Gupta S K, Gupta R P, Bryant G W, et al. The effect of potassium on the fusibility of coal ashes with high silica and alumina levels[J]. Fuel, 1998, 77(11):1195-1201.

[7] Li F H, Huang J J, Fang Y T, et al. The effects of leaching and floatation on the ash fusion temperatures of three selected lignites[J]. Fuel, 2011, 90(7):2377-2383.

[8] Liu Y H, Gupta R, Wall T. Ash formation from excluded minerals including consideration of mineral-mineral associations[J]. Energy & Fuels, 2007, 21(2):461-467.

[9] Fan C, Yan J W, Huang Y R, et al. XRD and TG-FTIR study of the effect of mineral matrix on the pyrolysis and combustion of organic matter in shale char[J]. Fuel, 2015, 139:502-510.

[10] Chen Y F, Wang M C, Hon M H. Phase transformation and growth of mullite in kaolin ceramics[J]. Journal of the European Ceramic Society, 2004, 24(8):2389-2397.

[11] Miao Z, Yang H R, Wu Y X, et al. Experimental studies on decomposing properties of desulfurization gypsum in a thermogravimetric analyzer and multiatmosphere fluidized beds[J]. Industrial & Engineering Chemistry Research, 2012, 51(15):5419-5423.

[12] Tian H J, Guo Q J. Investigation into the behavior of reductive decomposition of calcium sulfate by carbon monoxide in chemical-looping combustion[J]. Industrial & Engineering Chemistry Research, 2009, 48(12):5624-5632.

[13] Tian H J, Guo Q J, Yue X H, et al. Investigation into sulfur release in reductive decomposition of calcium sulfate oxygen carrier by hydrogen and carbon monoxide[J]. Fuel Processing Technology, 2010, 91(11):1640-1649.

[14] Wang H G, Qiu P H, Wu S J, et al. Melting behavior of typical ash particles in reducing atmosphere[J]. Energy & Fuels, 2012, 26(6):3527-3541.

[15] Yang J K, Xiao B, Boccaccini A R. Preparation of low melting temperature glass-ceramics from municipal waste incineration fly ash[J]. Fuel, 2009, 88(7):1275-1280.

[16] Ptáček P, Šoukal F, Opravil T, et al. The kinetic analysis of the thermal decomposition of kaolinite by DTG technique[J]. Powder Technology, 2011, 208(1):20-25.

[17] Seggiani M. Empirical correlations of the ash fusion temperatures and temperature of critical viscosity for coal and biomass ashes[J]. Fuel, 1999, 78(9):1121-1125.

[18] Boccaccini A R, Hamann B. Review in situ high-temperature optical microscopy[J]. Journal of Materials Science, 1999, 34(22):5419-5436.

[19] Xu J, Zhao F, Guo Q H, et al. Characterization of the melting behavior of high-temperature and low-temperature ashes[J]. Fuel Processing Technology, 2015, 134:441-448.

[20] Song W J, Tang L H, Zhu X D, et al. Fusibility and flow properties of coal ash and slag[J]. Fuel, 2009, 88(2):297-304.

[21] Schobert H H, Streeter R C, Diehl E K. Flow properties of low-rank coal ash slags[J]. Fuel, 1985, 64(11):1611-1617.

[22] Zhang Y K, Zhang H X, Zhu Z P, et al. Physicochemical properties and gasification reactivity of the ultrafine semi-char derived from a bench-scale fluidized bed gasifier[J]. Journal of Thermal Science, 2017, 26(4):362-370.

[23] Liu B, He Q H, Jiang Z H, et al. Relationship between coal ash composition and ash fusion temperatures[J]. Fuel, 2013, 105:293-300.

[24] Yan T G, Bai J, Kong L X, et al. Effect of SiO_2/Al_2O_3 on fusion behavior of coal ash at high temperature[J]. Fuel, 2017, 193:275-283.

[25] Kong L X, Bai J, Li W, et al. The internal and external factor on coal ash slag viscosity at high temperatures, Part 2: Effect of residual carbon on slag viscosity[J]. Fuel, 2015, 158:976-982.

[26] 曾野, 熊金钰, 代廷魁, 等. 硫元素对煤灰熔融性影响机理研究[J]. 应用化工, 2016, 45(4):599-602.

[27] Zhang Y K, Zhang H X, Zhu Z P. Regasification properties of industrial CFB-gasified semi-char[J]. Journal of Thermal Analysis and Calorimetry, 2018, 131(3):3035-3046.

[28] Jing N J, Wang Q H, Luo Z Y, et al. Effect of different reaction atmospheres on the sintering temperature of Jincheng coal ash under pressurized conditions[J]. Fuel, 2011, 90(8):2645-2651.

[29] Xuan W W, Whitty K J, Guan Q L, et al. Influence of Fe_2O_3 and atmosphere on crystallization characteristics of synthetic coal slags[J]. Energy & Fuels, 2015, 29(1):405-412.

[30] Zeng T F, Helble J J, Bool L E, et al. Iron transformations during combustion of Pittsburgh no. 8 coal[J]. Fuel, 2009, 88(3):566-572.

[31] Vorres K S. Effect of composition on melting behavior of coal ash[J]. Journal of Engineering for Power, 1979, 101(4):497-499.

[32] Ambrosino F, Aprovitola A, Brachi P, et al. Investigation of char-slag interaction regimes in entrained-flow gasifiers: Linking experiments with numerical simulations[J]. Combustion Science & Technology, 2012, 184(7-8):871-887.

[33] Wu T, Gong M, Lester E, et al. Characterisation of residual carbon from entrained-bed coal water slurry gasifiers[J]. Fuel, 2007, 86(7-8):972-982.

[34] Wang J, Ishida R, Takarada T. Carbothermal reactions of quartz and kaolinite with coal char[J]. Energy & Fuels, 2000, 14(5):1108-1114.

[35] Bi Y B, Wang H F, Huang L, et al. In-situ catalytic preparation and characterization of SiC nanofiber coated graphite flake with improved water-wettability[J]. Ceramics International, 2017, 43(17):15755-15761.

[36] Song W J, Tang L H, Zhu X D, et al. Flow properties and rheology of slag from coal gasification[J]. Fuel, 2010, 89(7):1709-1715.

[37] Kong L X, Bai J, Bai Z Q, et al. Effects of $CaCO_3$ on slag flow properties at high temperatures[J]. Fuel, 2013, 109:76-85.

[38] Tang X L, Zhang Z T, Guo M, et al. Viscosities behavior of CaO-SiO_2-MgO-Al_2O_3 slag with low mass ratio of CaO to SiO_2 and wide range of Al_2O_3 content[J]. Journal of Iron and Steel Research, International, 2011, 18(2):1-17.

[39] Ilyushechkin A Y, Hla S S, Roberts D G, et al. The effect of solids and phase compositions on viscosity behaviour and T_{CV} of slags from Australian bituminous coals[J]. Journal of Non-Crystalline Solids, 2011, 357(3):893-902.

[40] Oh M S, Brooker D D, de Paz E F, et al. Effect of crystalline phase formation on coal slag viscosity[J]. Fuel Processing Technology, 1995, 44(1-3):191-199.

[41] Liu L, Hu M L, Bai C G, et al. Effect of cooling rate on the crystallization behavior of perovskite in high titanium-bearing blast furnace slag[J]. International Journal of Minerals, Metallurgy and Materials, 2014, 21(11):1052-1061.

[42] Wang H, Ding B, Zhu X, et al. Influence of Al_2O_3 content on crystallization behaviors of blast furnace slags in directional solidification process[J]. International Journal of Heat and Mass Transfer, 2017, 113:286-294.

第 5 章

流化床气化飞灰流化熔融气化技术

流化床气化飞灰碳含量为 50%～80%，可以采用气化方式制备合成气进行资源化利用，如气化飞灰与原料煤掺混制备水煤浆，用于气流床气化。但煤气化飞灰具有高灰分、超低挥发分、灰分包裹残炭的特点，导致气化飞灰难以作为单独原料直接气化。本章在第 2 章气化飞灰活化特性研究的基础上，提出了流化熔融气化方法，将煤气化飞灰作为原料，制备 CO。这一方法利用循环流化床的特性对煤气化飞灰进行流态化改性，再对改性飞灰进行高温熔融气化，从而实现煤气化飞灰的高效气化利用。

5.1　流态化改性过程

在利用流化熔融气化工艺对流化床气化飞灰进行再气化时，气化飞灰在工艺中的流态化改性特性是支撑工艺开发的重要内容。在第 2 章获得流态化改性对气化飞灰的改性作用基础之上，本章中使用气化飞灰对反应和作用效果进行了验证。结果表明，流化态改性过程对煤气化飞灰具有良好的改性作用，有利于实现气化飞灰的高效气化。

流态化改性试验在 15kg/h 试验系统开展，试验系统流程如图 5.1 所示。试验台主要由循环流化床改性装置、下行床气化单元、煤气冷却器、布袋除尘器、尾部烟道和辅助系统组成，辅助系统包括供风系统、循环水冷却系统、测控系统。燃料经料斗由螺旋给料器送入流态化改性装置，与由提升管底部风帽给入的一次气化剂反应并实现改性，改性装置产生的气固混合改性产物从气化单元顶部进入；二次气化剂与改性产物同时由气化单元顶部进入并发生气化反应；生成的高温煤气从气化单元下部煤气出口排出，进入煤气冷却器，被冷却至约 190℃，经布袋除尘器除尘后从烟囱排出。试验系统可选择空气、氧气、水蒸气和它们的混合气体作为气化剂，其中空气由空气压缩机提供、氧气由氧气瓶组提供、水蒸气由蒸汽发生器提供。气化剂一部分进入改性装置，实现燃料部分气化；一部分分级进入气化单元，实现改性产物完成气化。改性装置和气化单元均布置有电炉辅热，用于起炉阶段的加热升温和运行阶段弥补散热损失。系统采用强制通风，全正压运行。

根据第 2 章研究结果，利用循环流化床反应器中气化反应的作用，可以促进气化飞灰孔隙结构的发展，增加孔隙率和比表面积；同时气化反应还会促进气化飞灰残炭芳香层架构中的碳链断裂，从而减少稳定石墨结构比例，增加活性缺陷碳结构比例，使残炭的气化反应性提高。在以上作用下，实现对气化飞灰的流态化改性。

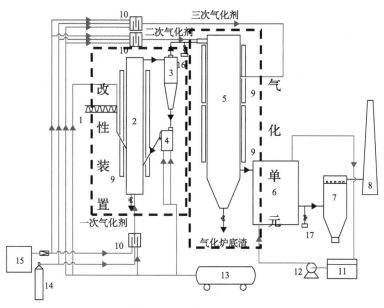

图 5.1　15kg/h 试验系统流程

1. 螺旋给料器；2. 提升管；3. 旋风分离器；4. 返料器；5. 下行床气化炉；6. 煤气冷却器；7. 布袋除尘器；8. 烟囱；
9. 电加热元件；10. 气体混合器；11. 水箱；12. 循环水泵；13. 空气压缩机；14. 氧气瓶组；15. 蒸汽发生器；
16. 改性装置取样点；17. 终产物取样点

在获得流化态改性方法的基础上，利用宿迁气化飞灰验证了流态化改性的作用。图 5.2 为气化飞灰、空气气氛改性飞灰、富氧-水蒸气改性飞灰和纯氧-水蒸气改性飞灰的比表面积。与原料气化飞灰相比，在气化反应作用下，空气气氛所得的改性飞灰比表面积升高到 1.2 倍，在纯氧气氛下由于水煤气反应的增强[1, 2]，所得的改性飞灰比表面积比原灰升高至 1.5 倍。

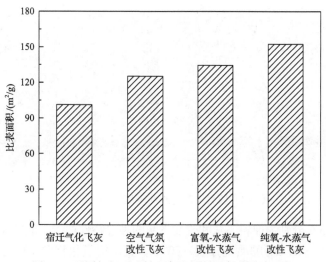

图 5.2　不同气氛下改性飞灰和原料飞灰的比表面积

图 5.3 为气化飞灰在不同的气化剂氧气浓度下经过循环流化床流态化改性得到的改

性飞灰的比表面积和总孔隙体积。与原料飞灰相比，改性飞灰比表面积、总孔隙体积均随着气化剂氧气浓度的增大而增大，气化剂氧气浓度为52%时的改性飞灰的比表面积，比气化剂氧气浓度为21%时的改性飞灰增大了48.7%；气化剂氧气浓度为52%时的改性飞灰的总孔隙体积，在气化反应增强的作用下，比气化剂氧气浓度为21%时的改性飞灰增大了52.5%。

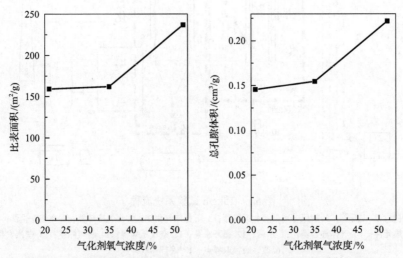

图5.3　不同气化剂氧气浓度下改性飞灰比表面积和总孔隙体积图

图5.4为原料飞灰和改性飞灰的SEM照片。由图可见，原料飞灰表面黏附现象比较严重，表面凹凸不平、不规则，有附着的众多小颗粒物，而在循环流化床流态化改性中，通过气化反应破坏了碳架结构，起到了疏通孔隙的作用[3]，使得改性飞灰表面孔洞明显增加，孔洞呈直径较大的平碗状，较原料的表面平滑，块状物体积明显减小。

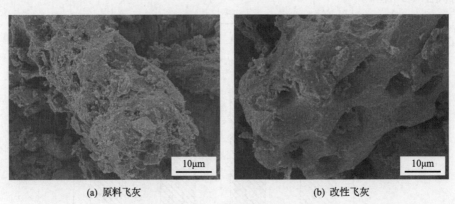

(a) 原料飞灰　　　　　　　　　(b) 改性飞灰

图5.4　原料飞灰与改性飞灰的SEM照片

图5.5和图5.6分别为原料飞灰和改性飞灰的黏温特性曲线。原料飞灰样品富含玻璃化前氧化物（$(SiO_2 + Al_2O_3)$的质量分数＞70%），且熔解氧化物含量较低，这是这类熔渣具有高黏度和高灰熔点的主要原因。原料飞灰（Al_2O_3质量分数＞30%）因此表现出结晶渣的行为。原料飞灰有明确的临界黏度点，在降温过程中黏度先缓慢增加，降至临界黏度

点以下后急剧增加，属于结晶渣。

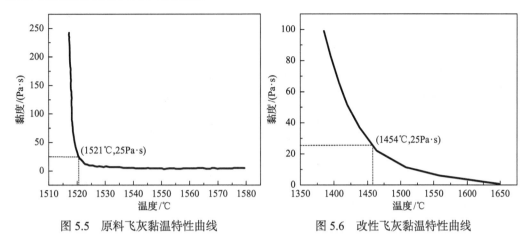

图 5.5   原料飞灰黏温特性曲线   图 5.6   改性飞灰黏温特性曲线

随着温度降低，原料飞灰在 1580℃时开始测得黏度，温度降低至 1521℃时黏度降低至 25Pa·s，对应黏度在 2.5～25Pa·s 范围内的温度区间为 1580～1521℃，共 59℃，临界黏度温度 T_{cv} 为 1520℃。经过循环流化床流态化改性之后的改性飞灰在 1649℃时开始测得黏度，温度降低至 1454℃时黏度降低至 25Pa·s，对应黏度在 2.5～25Pa·s 范围内的温度区间为 1610～1454℃，共 156℃。临界黏度温度 T_{cv} 为 1447℃。改性飞灰的临界黏度温度比原料飞灰降低了 73℃，并且随着温度下降黏度变化得更平缓，排渣可操作温度区间增大，更有利于稳定运行。

表 5.1 为原料飞灰和改性飞灰的主要成分。由于水蒸气可通过破坏 Si—O—Si 键来削弱熔体网络结构，抑制晶体的生长，因此随着水蒸气含量的增加，晶体的平均粒径减小，导致矿渣黏度和 T_{cv} 降低[4]。根据高温熔渣网络结构理论，组成聚合物的造网剂 Si^{4+} 含量越高，组成的网络越大，内摩擦力越大，会增加灰渣流动的黏度，网络改进修饰剂 Ca^{2+} 能破坏聚合物，降低矿渣黏度。宿迁气化飞灰经过循环流化床纯氧-水蒸气预热之后，SiO_2、Al_2O_3 的含量有所下降，CaO 含量有所上升，导致黏温特性曲线向左偏移。

表 5.1   原料飞灰和改性飞灰的主要成分   （单位：%）

样品名称	SiO_2	Al_2O_3	Fe_2O_3	CaO	MgO	SO_3	TiO_2	P_2O_5	K_2O	Na_2O
原料飞灰	44.93	33.23	5.09	5.81	1.46	5.02	1.89	0.42	1.66	0.49
改性飞灰	40.91	26.26	5.22	13.44	1.14	6.52	1.86	0.42	1.45	0.78

5.2   改性产物气化过程

利用流化熔融气化工艺对煤气化飞灰进行再气化的过程中，改性产物的高温气化特性研究是支撑工艺研究的重要内容。因此，利用 15kg/h 改性气化试验台，分析了改性飞灰高温气化的反应途径，并研究了改性氧气燃料比、系统氧气燃料比、改性氧气浓度、改性蒸汽燃料比等运行条件对气化飞灰改性产物气化特性的影响规律。

5.2.1 改性飞灰气化反应途径

以茌平气化飞灰为燃料,对改性产物的气化特性进行了研究。茌平气化飞灰原料特性见第2章,其几乎不含挥发分,同时灰分含量较高,中位粒径d_{50}为47.73μm。

茌平气化飞灰经过改性装置改性后生成改性产物,改性产物包括改性煤气和改性飞灰。生成的改性产物与二次气化剂同时给入气化单元顶部,在气化单元中继续进行气化。图5.7为富氧-水蒸气改性-纯氧气化条件下,改性煤气产率与气化单元煤气产率。其中,改性装置氧气燃料比为0.30Nm³/kg,改性气化剂氧气浓度为26%,改性蒸汽燃料比为0.16kg/kg,改性温度为910℃;气化单元给入二次气化剂氧气后,系统氧气燃料比为0.69Nm³/kg,气化温度为1320℃。由图可见,改性煤气中CO和H_2产率较低,CO_2产率较高,同时改性煤气中无CH_4成分。这是由于气化飞灰中无挥发分,导致其在改性过程中未能生成可由析出挥发分分解产生的CO、H_2、CO_2和CH_4;与此同时,气化飞灰粒径很小,在改性装置内停留时间很短,反应温度仅900℃左右,因此气化飞灰与改性气化剂中氧气主要发生了以生成CO_2为主的燃烧反应,改性煤气中CO_2产率达到了0.32Nm³/kg,而生成的CO较少。由于水蒸气的加入,改性煤气中有H_2生成,但由于改性装置未达到利于水煤气反应发生的温度,H_2生成量也较少。由此可见,气化飞灰在改性装置内气化反应程度较低,气化飞灰仅实现了改性,而非完成气化。改性飞灰经过气化单元的气化后,CO产率和H_2产率得到明显的提升。在富氧-水蒸气气氛和1320℃的运行温度下,二次气化剂氧气的给入使改性飞灰发生明显的燃烧反应[5, 6],同时气化单元内水煤气反应得到有效强化,CO和H_2产率均大幅度升高。同时由于二次气化剂氧气的给入,改性煤气与改性飞灰会发生明显的燃烧反应,使气化单元煤气中CO和CO_2产率比改性煤气均有所升高。

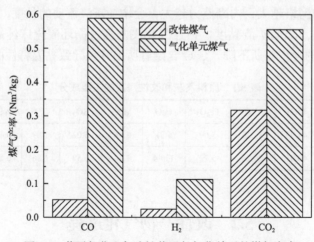

图5.7 茌平气化飞灰改性装置与气化单元的煤气产率

图5.8为气化飞灰改性煤气与气化单元煤气中煤气组分体积比。由图可见,气化单元煤气中CO与H_2体积比比改性煤气明显升高。水煤气反应中生成的CO与H_2的体积

比为 1，可见改性飞灰中碳与二次氧化剂中氧气的燃烧反应也生成了 CO，才使得 CO 与 H_2 体积比明显升高。高温下碳与氧气的燃烧反应方程式如下[7-9]：

$$C+\frac{1}{\lambda}O_2 \longrightarrow 2\left(1-\frac{1}{\lambda}\right)CO+\left(\frac{2}{\lambda}-1\right)CO_2 \tag{5-1}$$

式中

$$\lambda=\frac{2Z+2}{Z+2} \tag{5-2}$$

$$Z=\frac{[CO]}{[CO_2]}=2500e^{-\frac{6249}{T}} \tag{5-3}$$

由式 (5-1)～式 (5-3) 计算可得，1573K 时碳与氧气氧化反应产物中 CO 与 CO_2 体积比 Z 约为 47.0，说明该温度下燃烧反应也会生成大量的 CO。气化单元中水煤气反应和燃烧反应的强化均促进了 CO 的生成，使气化单元煤气中 CO 与 H_2 体积比高于改性煤气。尽管改性飞灰和改性煤气与二次气化剂氧的燃烧反应会导致 CO_2 的生成，改性飞灰的水煤气反应和燃烧反应的增强使 CO 的生成更加明显，并使气化单元煤气 CO 与 CO_2 体积比大幅度提高。

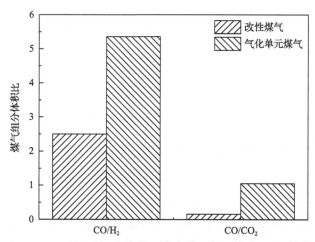

图 5.8　茌平气化飞灰改性煤气与气化单元煤气中煤气组分体积比

图 5.9 为改性装置与系统的碳转化率和冷煤气效率。由于气化飞灰在改性装置内气化程度较低，碳转化率仅有 24.2%；但是改性飞灰在气化单元中通过燃烧反应和水煤气反应的强化，使得改性飞灰得到了有效气化，系统碳转化率升高至 74.8%，同时生成了大量的 CO 和 H_2，冷煤气效率也得到大幅度提高。

5.2.2　改性装置气化剂组成的影响

由 5.2.1 节研究可知，改性气氛对燃料改性气化过程中反应的发生和气化的程度有明显影响，因此继续针对改性气化剂组成对茌平气化飞灰的气化特性开展研究。图 5.10 为

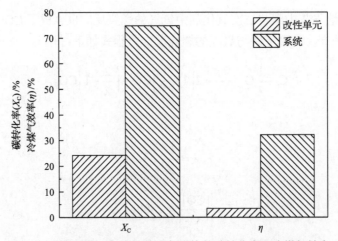

图 5.9　荏平气化飞灰改性装置与系统的碳转化率和冷煤气效率

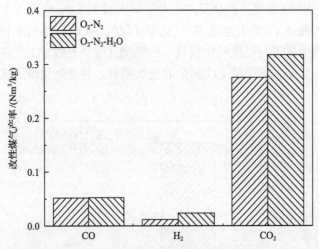

图 5.10　空气与富氧-水蒸气改性气氛的改性煤气产率

改性条件分别为空气和富氧-水蒸气、二次气化剂均为纯氧时所得的改性煤气产率。试验中改性装置氧气燃料比均为 0.30Nm³/kg，改性温度均为 910℃；通入二次气化剂氧气后系统氧气燃料比均为 0.70Nm³/kg，气化单元运行温度约为 1320℃。由图 5.10 可见，富氧-水蒸气和空气改性气氛下，气化飞灰燃料的改性煤气主要成分均是 CO_2，可见不同气氛下，生成 CO_2 的燃烧反应仍是气化飞灰在改性装置内的主要反应途径。另外，富氧-水蒸气改性气氛下所得改性煤气中 H_2 和 CO_2 产率均略高于空气改性气氛的改性煤气。这是由于改性气化剂中水蒸气的加入有效强化了水煤气反应，使 H_2 产率明显升高；同时水蒸气的加入也使水煤气变换反应的平衡向生成 H_2 方向偏移，促进了 CO_2 的生成，使 CO_2 产率提高。但由于水煤气反应的发生会促进 CO 的生成，但正反应方向的水煤气变换反应的发生会促进 CO 的消耗，导致两种气氛下 CO 产率基本相同。

　　图 5.11 为气化飞灰在改性条件分别为空气和富氧-水蒸气条件下的气化单元煤气产率。由图可见，富氧-水蒸气改性气氛下所得气化单元煤气中 CO、H_2 和 CO_2 产率均高于空

气改性气氛的气化单元煤气。其中，H_2 和 CO 产率的升高更为明显，CO_2 产率略有升高。在空气改性气氛下，气化单元中 CO 的产生主要来源于改性半焦的燃烧反应和布多阿尔（Boudouard）反应。当改性气氛改变为富氧-水蒸气后，气化剂中水蒸气的加入有效强化了水煤气反应，使 H_2 和 CO 产率明显升高，且两者升高幅度相近。水蒸气的加入也使水煤气变换反应的平衡向生成 H_2 方向偏移，促进了 CO_2 的生成，使 CO_2 产率略有增加。

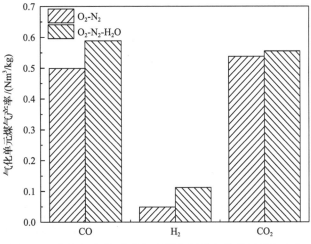

图 5.11 空气与富氧-水蒸气改性气氛的气化单元煤气产率

图 5.12 为空气与富氧-水蒸气改性气氛下，改性装置和系统的碳转化率及冷煤气效率。改性气氛由空气改变为富氧-水蒸气后，气化单元碳转化率由 59.1% 升高至 66.8%，从而使系统碳转化率由 67.9% 升高至 74.8%，这反映了富氧-水蒸气改性气氛所得改性飞灰的气化效果强于空气改性气氛所得改性飞灰。改性气氛中增加水蒸气后，改性装置中强化的水煤气反应促进了芳香层构架中碳链的断裂，使活性缺陷碳结构比例升高，改性

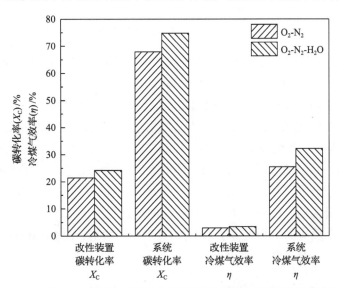

图 5.12 空气与富氧-水蒸气改性气氛的改性装置和系统的碳转化率和冷煤气效率

飞灰的气化反应性增强。由于改性提质效果增强，改性飞灰在气化单元中的燃烧反应和水煤气反应得以强化，促进了 CO、H$_2$ 及 CO$_2$ 的生成，使富氧-水蒸气改性气氛的气化单元碳转化率和冷煤气效率明显高于空气改性气氛。

5.2.3 改性装置氧气燃料比的影响

图 5.13 为富氧-水蒸气改性气氛下不同改性氧气燃料比下的改性煤气产率。不同工况的气化单元二次气化剂均为纯氧，系统氧气燃料比为 0.70Nm^3/kg，气化温度均为 1320℃左右。在改性氧气燃料比由 0.27Nm^3/kg 增加至 0.35Nm^3/kg 过程中，改性温度由 850℃升高至 950℃。由图可见，在改性氧气燃料比增加过程中，改性煤气以 CO$_2$ 的生成为主，同时 CO、H$_2$、CO$_2$ 产率均逐渐升高。这是由于改性氧气燃料比的增加，会促进改性装置内燃烧反应的增强，但在 900℃左右，燃烧反应的增强以增加 CO$_2$ 为主；与此同时，改性温度的增加会促进水煤气反应的增强，使 H$_2$ 和 CO 产量均有所增加。

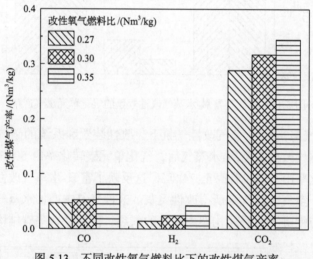

图 5.13　不同改性氧气燃料比下的改性煤气产率

图 5.14 为富氧-水蒸气改性条件下不同改性氧气燃料比的气化单元煤气产率。在改性氧气燃料比由 0.27Nm^3/kg 增加至 0.35Nm^3/kg 的过程中，将二次纯氧气化剂氧气燃料比由 0.43Nm^3/kg 降低至 0.35Nm^3/kg，从而维持系统氧气燃料比不变，在此条件下，气化单元温度维持在 1320℃左右。由图 5.14 可见，随着氧气燃料比的增加，CO 和 H$_2$ 产率不断升高，CO$_2$ 产率降低。气化单元温度均在 1320℃左右，因此温度对气化反应速率的影响不大；与此同时，系统氧气燃料比一致，因此系统内燃烧反应发生程度接近。由于改性温度的增加有利于改性飞灰改性提质效果和气化反应性的增强，当改性氧气燃料比增加并引起改性温度升高后，改性飞灰气化反应性的增加促进了水煤气反应和 Boudouard 反应的增强，这两个反应的增强促进了 CO 和 H$_2$ 产率的增加，而 Boudouard 反应的增强也促进了 CO$_2$ 的消耗，使 CO$_2$ 产率降低。

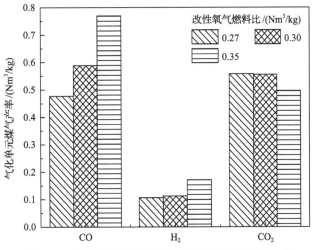

图 5.14 不同改性氧气燃料比下的气化单元煤气产率

图 5.15 为富氧-水蒸气改性气氛下，改性氧气燃料比增加时的气化单元煤气组分浓度的变化。改性氧气燃料比增大时，CO 与 CO_2 的比值不断升高，这是由于水煤气反应和 Boudouard 反应的增强均有利于 CO 的生成，同时 Boudouard 反应的增强还有利于 CO_2 的消耗。与此同时，CO 与 H_2 的比值先升高后降低。考虑到水煤气反应的产物 CO 和 H_2 的比为 $1:1$，而由于 Boudouard 反应的存在，使得实际过程中 CO 与 H_2 的比远大于 1。由此可见，改性温度引起改性飞灰气化反应性增加的过程中，气化单元中 Boudouard 反应首先得到了增强，而当改性飞灰气化反应性进一步增强时，水煤气反应也得到了增强[10]。

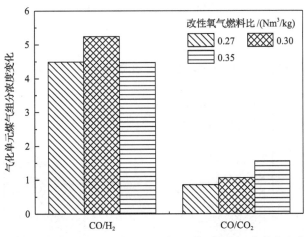

图 5.15 不同改性氧气燃料比下气化单元煤气组分浓度变化

图 5.16 为富氧-水蒸气改性气氛下，改性氧气燃料比增加时的改性装置和系统的碳转化率和冷煤气效率。由图可见，随着改性氧气燃料比的增加并引起改性温度升高，改性装置内水煤气反应和燃烧反应增强，改性装置碳转化率和冷煤气效率有所提高。与此同时，改性温度升高时，改性装置对飞灰的改性提质效果增强，使改性飞灰在气化单元的

水煤气反应和 Boudouard 反应也不断增强，从而使系统碳转化率和冷煤气效率进一步升高，且升高程度明显高于改性装置，验证了改性飞灰反应性增强对气化效率的强化作用。

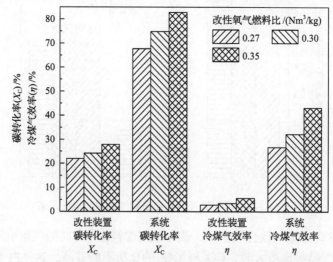

图 5.16　不同改性氧气燃料比下改性装置和系统的碳转化率及冷煤气效率

5.2.4　系统氧气燃料比的影响

图 5.17 为富氧-水蒸气改性气氛下不同系统氧气燃料比的气化单元煤气产率。各工况改性氧气燃料比均为 0.30Nm³/kg，改性温度为 910℃，通过增加二次气化剂氧气燃料比，使系统氧气燃料比由 0.63Nm³/kg 增加至 0.76Nm³/kg。在系统氧气燃料比的增加过程中，气化温度由 1280℃逐渐增加至 1340℃。由图可见，随着系统氧气燃料比的增加，气化单元煤气中 H_2 产率持续降低、CO_2 产率持续升高。由此可见，氧气燃料比的增加首先会增强燃烧反应，包括改性煤气中 H_2 的燃烧反应和改性飞灰中碳的燃烧反应，并且由于燃烧反应的增强，气化单元温度不断升高。另外，在系统氧气燃料比增加过程中 CO 产率先

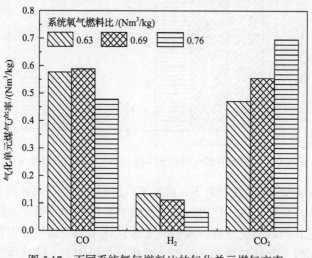

图 5.17　不同系统氧气燃料比的气化单元煤气产率

升高后降低,可见在改性飞灰燃烧反应的增强过程中,首先以生成 CO 的燃烧反应增强为主,而当氧气燃料比进一步增加时,以生成 CO_2 的燃烧反应增强为主。

图 5.18 为富氧-水蒸气改性气氛下,不同系统氧气燃料比时气化单元煤气组分体积比的变化。由图可见,在系统氧气燃料比增加的过程中,改性飞灰生成 CO 或 CO_2 的燃烧反应和 H_2 的燃烧反应不断增强,均会导致 CO 与 H_2 体积比的增加和 CO 与 CO_2 体积比的降低。

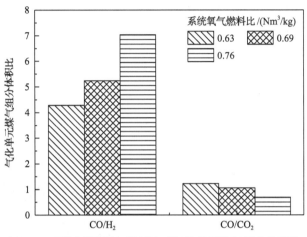

图 5.18　不同系统氧气燃料比时气化单元煤气组分体积比

图 5.19 为富氧-水蒸气改性气氛下,不同系统氧气燃料比时系统的碳转化率和冷煤气效率。由图可见,系统氧气燃料比的升高和改性飞灰燃烧反应的增强,使气化单元温度和系统碳转化率不断增大。但是气化单元温度的升高对水煤气反应和 Boudouard 反应的强化作用很弱,仅在系统氧气燃烧比增加至 $0.69Nm^3/kg$ 时生成 CO 的燃烧反应略有增强,使系统冷煤气效率维持不变,但氧气燃料比增大后系统冷煤气效率继续减小。

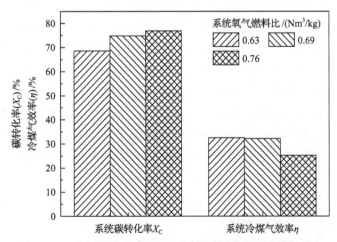

图 5.19　不同系统氧气燃料比时系统碳转化率和冷煤气效率

5.2.5 改性装置氧气浓度的影响

图 5.20 为富氧-水蒸气改性气氛下不同改性氧气浓度条件下的改性煤气产率。各工况改性氧气燃料比均为 0.30Nm³/kg、改性温度为 910℃，二次气化剂均为纯氧，系统氧气燃料比为 0.70Nm³/kg、气化单位温度为 1320℃左右。在提高改性气化剂氧气浓度的过程中，为了维持改性温度不变，需在改性气化剂内不断增加水蒸气，因此在改性气化剂氧气浓度分别为 21%、26% 和 32% 时，改性蒸汽燃料比分别为 0kg/kg、0.15kg/kg 和 0.31kg/kg。随着改性氧气浓度和蒸汽燃料比的增加，水煤气反应和正向水煤气变化反应的强化最为明显，使 H_2 产率和 CO_2 产率不断增大；另外，水煤气反应的增强也使 CO 产率略有增大[11]。

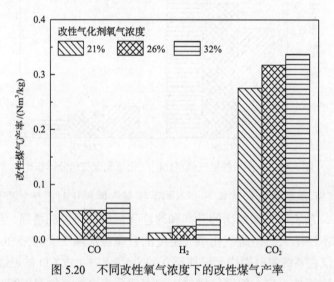

图 5.20　不同改性氧气浓度下的改性煤气产率

图 5.21 为富氧-水蒸气改性气氛下不同改性氧气浓度的气化单元煤气产率。由图 5.21 可见，随着改性氧气浓度和蒸汽燃料比的增加，气化单元煤气中 CO 和 H_2 均呈不断升高的状态。在改性氧气浓度和蒸汽燃料比的增加过程中，气化单元内氧气浓度和蒸汽浓度也不断增加，有效促进水煤气反应的发生，使 CO 和 H_2 产率不断升高。与此同时，CO_2 产率呈先增加后减少的趋势。蒸汽浓度增加促进水煤气变化反应正向进行，CO_2 生成量增加，这可能导致在氧气浓度由 21% 升高至 26% 时 CO_2 产率的增加。由以上研究可知，改性氧气浓度的增加有利于改性飞灰改性效果的提升，这一提升效果在改性氧气浓度由 26% 升高至 32% 时得到了显著的体现，从而促进了气化单元内 Boudouard 反应的增强，从而使 CO_2 产率降低。由此可见，改性氧气浓度由 26% 升高至 32% 的过程中，蒸汽浓度的增加和改性细灰气化反应性的增强共同促进了水煤气反应的增强，一定程度上蒸汽浓度增加有利于气化飞灰气化效果提升。

图 5.22 为富氧-水蒸气改性气氛下，不同改性氧气浓度的改性装置和系统的碳转化率和冷煤气效率。改性装置内水煤气反应的增强，使改性单元碳转化率和冷煤气效率不

断升高；在此基础上，改性飞灰气化反应性增强后气化单元内水煤气反应和 Boudouard 反应的增强，使系统碳转化率和冷煤气效率升高更加明显。

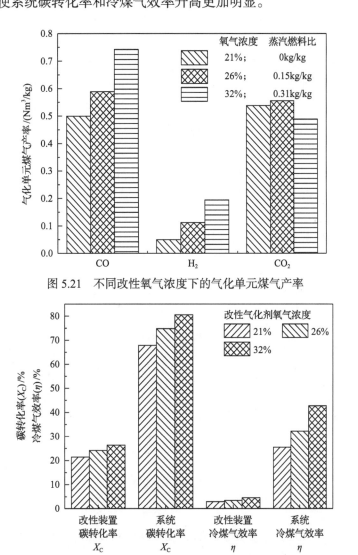

图 5.21　不同改性氧气浓度下的气化单元煤气产率

图 5.22　不同改性氧气浓度下的改性装置及系统碳转化率和冷煤气效率

5.3　流化熔融气化中试研究

基于流化熔融气化工艺，研发了千吨/年级流化熔融试验装置系统。以茌平气化飞灰（0～40μm）为燃料，在千吨/年级气化飞灰流化熔融气化中试装置上开展了中试研究，验证了工艺原理，通过分析获得了中试尺度改性装置、热烧嘴和熔融气化炉运行特性，为气化飞灰流化熔融气化的工程化应用奠定了基础。

5.3.1 流化熔融气化工艺

千吨/年级流化熔融试验装置系统工艺流程如图 5.23 所示，主要包括改性装置、热烧嘴、熔融炉、冷却系统、燃料输送系统和气化剂系统。改性装置包括提升管、旋风分离器和返料器。改性装置采用风帽布风，气化飞灰采用气力输送方式给料，燃料在 900℃改性条件下与一次气化剂进行不完全气化，生成煤气和改性飞灰。产自改性装置的煤气和改性飞灰进入热烧嘴，氧气也进入热烧嘴，一起从顶部进入熔融气化炉，通过反应，熔融炉内温度升高到约 1400℃，超过灰的流动温度而熔融，熔渣从底部的出口流出。高温煤气与熔渣进入激冷段遇到喷水冷却至 1100℃，高温煤气从侧壁流出激冷段，熔渣被喷水冷却凝固，然后落入激冷段底部的激冷水池。激冷段喷水为自来水。从熔融气化炉激冷池出口排出的 1100℃高温煤气经过辐射冷却器降温至 800℃，然后再经过煤气冷却器，降到 150℃，最终通过尾部烟道进入布袋除尘器。冷却水为强制循环，来自冷却水箱的冷却水经水泵加压后分别进入烧嘴冷却水通道、高温煤气辐射冷却器、煤气冷却器和激冷池补水。

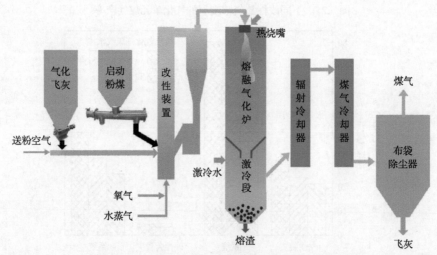

图 5.23　千吨/年级流化熔融试验装置系统工艺流程

该试验装置采用的改性装置包括提升管、旋风分离器和返料器。改性装置采用带风帽、床上直吹送粉的结构形式，中部设计扩径结构，提升管停留时间约 1s。风帽为内嵌逆流式风帽。热烧嘴采用三通道形式，内层氧气通道为单管结构，外套水冷管；中间环形通道为预热煤气和半焦通道；外环的氧气喷口为均匀分布的多个小喷口，并通过水冷保护氧气通道。预热煤气和半焦通道的外层仅在烧嘴喷口布置水冷区域，以保护烧嘴喷口。熔融炉采用绝热结构，耐火材料采用四层结构：铬砖+氧化铝空心球砖+莫来石轻质砖+纤维毡，底部出口的"滴水崖"采用缩口形式。

冷却系统包括激冷段、高温煤气辐射换热器、煤气冷却器和布袋除尘器。

(1)激冷段。

为减少激冷水池对熔融炉底部出口的冷端辐射,在熔融炉底部出口和激冷水池之间设置一段浇注料砌筑的垂直通道。在通道的上部沿周向均匀布置 4 个激冷水喷嘴,将煤气温度从 1400℃降至 1100℃,使煤气中熔融态的渣冷凝成为固态,高温煤气经由侧壁上的气体出口排出,部分固态渣由于重力作用与煤气分离,落入激冷水池。垂直通道上设置观察孔,观察熔融灰渣的情况;激冷水池采用不锈钢制造,水面以下部分为缩口形式,底部设置排渣口。水冷池中安装液位计,根据其中液位使用循环水对水冷池进行自动补水。激冷段外壳与水冷池之间使用法兰连接,方便检修。

(2)高温煤气辐射换热器。

高温煤气辐射换热器采用水夹套立管结构,设计进口煤气温度为 1100℃,出口煤气温度约为 600℃。

(3)煤气冷却器。

煤气冷却器采用立式列管式,煤气走内管,冷却水走管外,煤气冷却器分为三级:第一级煤气冷却器内均布四根内管,第二级煤气冷却器均布三根内管,第三级煤气冷却器均布两根内管。

(4)布袋除尘器。

煤气及飞灰进入布袋除尘器后温度降低到 150℃以下,由布袋除尘器出口排出。

燃料储供系统由料仓、叶轮给粉机、罗茨风机及供粉管道组成。气化飞灰经粉罐车运输并添加到料仓中,料仓具有称重装置,粉仓下部安装一台叶轮给粉机。叶轮给粉机与罗茨风机相连,煤粉从料仓中落入叶轮给粉机,再通过送粉管道由送粉风携带进入改性装置中。

气化剂系统包括氧气站、水蒸气锅炉、高压流化风机和空气压缩机。氧气站提供的氧气,分别通入改性装置和熔融炉热烧嘴作为一次和二次气化剂。水蒸气锅炉提供的蒸汽和氧气混合之后通入改性装置提升管,作为改性气化剂,并以此控制提升管的温度。高压流化风机提供的空气给入改性装置,在中试平台启动过程中作为一次气化剂。空气压缩机提供的压缩空气通入改性装置返料器,在中试平台启动过程中作为返料风。

试验系统的温度、压力、差压、流量等信号集成至可编程逻辑控制器(programmable logic controller,PLC)测量与控制系统,风机、给煤机等设备的启停控制及调节由 PLC 功能模块实现。所有信号经上位机以数字、图形或曲线等形式显示。

5.3.2 改性装置运行特性

表 5.2 为气化飞灰空气和纯氧-水蒸气改性工况下改性装置的运行参数。由表可见,送粉风量为 50Nm³/h,此时送粉风速为 17.3m/s,可实现改性装置稳定运行。在空气和纯氧-水蒸气改性条件下,改性氧气燃料比为 0.219Nm³/kg 左右时,改性温度均在 960℃左右,各项运行参数均正常。由此可见,改性装置气化剂为空气和纯氧-水蒸气时,改性装置运行参数基本相同。

表 5.2　气化飞灰空气和纯氧-水蒸气改性工况期间改性装置运行参数

工况	空气	纯氧-水蒸气
气化飞灰量/(kg/h)	120	95
送粉风量/(Nm³/h)	50	50
氧气燃料比/(Nm³/kg)	0.219	0.227
蒸汽燃料比/(kg/kg)	0	0.48
提升管温度/℃	958	964
返料器温度/℃	925	936
分离器出口温度/℃	957	973
烧嘴入口温度/℃	886	892

表 5.3 为改性煤气成分、热值和改性装置碳转化率。由表 5-3 可见，空气和纯氧-水蒸气改性条件下改性装置碳转化率基本相同。由改性煤气成分可见，两工况下生成的 CO_2 均明显高于 CO，可见在 960℃下，改性装置内碳的反应途径仍然以燃烧为主，水煤气反应和 Boudouard 反应程度很弱。而在改性氧气燃料比较低的控制下，燃烧反应进行程度也很低，导致改性装置较低的碳转化率。另外，改性飞灰与原始气化飞灰相比，碳含量的降低很少，同样验证了改性装置内的燃烧和气化反应较低。与此同时，与原料细灰（比表面积为 $165.7 m^2/g$）相比，改性飞灰比表面积得到显著提升，在纯氧-水蒸气条件下，由于水煤气反应增强，改性飞灰的比表面积提升幅度更大。由此可见，改性装置内的燃烧和气化反应程度虽然较低，但是对气化飞灰起到有效的改性作用。

表 5.3　改性煤气成分、热值和改性装置碳转化率

工况	空气	纯氧-水蒸气
气化飞灰量/(kg/h)	120	95
氧气燃料比/(Nm³/kg)	0.219	0.227
蒸汽燃料比/(kg/kg)	0	0.48
改性温度/℃	960	960
改性氧体积浓度/%	21	33.4
CO 体积浓度/%	9.35	9.24
CO_2 体积浓度/%	13.22	23.85
CH_4 体积浓度/%	0.20	0.35
H_2 体积浓度/%	1.25	10.94
N_2 体积浓度/%	75.98	55.63
热值/(kcal/m³)	332	591

续表

工况	空气	纯氧-水蒸气
改性装置碳转化率/%	16.68	18.64
改性飞灰碳含量/%	80.8	81.3
改性飞灰比表面积/(m²/g)	188.9	252.7

表 5.4 为原料气化飞灰和改性飞灰粒径分析，可见原料气化飞灰和改性飞灰粒径接近，气化飞灰经过改性后粒径没有明显降低，这是由于改性过程燃烧反应和气化反应程度均较低，因此碳转化率较低，未造成飞灰颗粒的明显收缩。

表 5.4　原料气化飞灰和改性飞灰粒径分析　　　　（单位：μm）

粒径	原料气化飞灰	空气改性飞灰	纯氧-水蒸气改性飞灰
d_{10}	2.8	5.4	6.5
d_{50}	13.2	23.4	25.7
d_{90}	40.0	48.6	51.5

5.3.3　热烧嘴运行特性

利用千吨/年级流化熔融试验装置，在纯氧-水蒸气改性条件下，研究了烧嘴中心/外环氧气量对熔融炉温度分布和气化指标的影响。表 5.5 为烧嘴运行条件调整中工况基本情况，其间控制改性和系统氧气燃料比不变，改变烧嘴中心和外环氧气量分配，该运行过程中系统氧浓度约为 60%。

图 5.24 为烧嘴中心氧比例变化时熔融炉运行温度变化，中心氧比例为中心氧流量与烧嘴总氧量的比值。在记录时间为 1h 左右，将中心氧比例由 0.23 提高至 0.5 时，熔融炉底部温度迅速上升；在记录时间为 3h 左右，将中心氧比例由 0.5 降低至 0.17 时，熔融炉底部温度明显开始下降；而在记录时间为 5h 左右，再次提高中心氧比例至 0.5 时，熔融炉底部温度再次迅速上升。在试验中内环氧比例增加时，熔融炉轴线主射流的尾端主要由内环氧射流组成，并使内环氧与高温改性燃料接触面的火焰长度明显增加，能够提升熔融炉底部温度，扩大高温区域。

表 5.5　烧嘴运行条件调整中工况基本情况

纯氧-水蒸气改性工况运行参数		改性装置运行情况		
气化飞灰量/(kg/h)	90～100		CO 体积浓度/%	9.24
改性氧气燃料比/(Nm³/kg)	0.22		CO_2 体积浓度/%	23.85
系统氧气燃料比/(Nm³/kg)	0.74	改性煤气	CH_4 体积浓度/%	0.35
系统蒸汽燃料比/(kg/kg)	0.44		H_2 体积浓度/%	10.94
系统富氧浓度/%	60.93		N_2 体积浓度/%	55.63
改性温度/℃	960		热值/(kcal/m³)	591
熔融炉温度/℃	1400	改性碳转化率/%		17.83

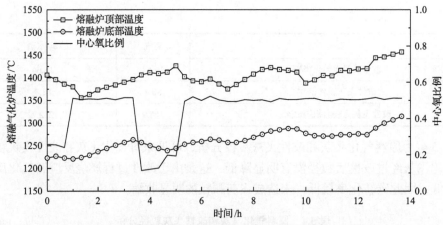

图 5.24　烧嘴中心/外环氧量比变化时熔融炉运行温度变化

表 5.6 为不同烧嘴运行条件下煤气成分及气化指标。其中，工况Ⅰ、工况Ⅱ、工况Ⅲ和工况Ⅳ分别代表记录时间为 0～1h、1～3h、3～5h、5～14h 内稳定时的数据。由表可见，在工况Ⅱ和工况Ⅳ，中心氧比例较高时，熔融炉煤气 $CO+H_2$ 体积分数和碳转化率也较高，这可能是由于此时熔融炉底部温度较高，熔融炉高温区域更长。更高的熔融炉平均温度有利于高温预热煤焦气化反应的进行、碳转化率的提高及合成气的生成。因此，可以通过控制中心氧比例调整热燃料形成火焰和高温区形状，使之匹配熔融气化炉形状，提高气化效率。

表 5.6　不同烧嘴运行条件下煤气成分及气化指标

项目	工况Ⅰ	工况Ⅱ	工况Ⅲ	工况Ⅳ
中心/外环氧量比	0.23	0.5	0.17	0.5
CO 体积浓度/%	39.87	39.39	37.36	39.17
CO_2 体积浓度/%	15.76	17.13	15.97	16.69
CH_4 体积浓度/%	0.35	0.38	0.38	0.38
H_2 体积浓度/%	16.19	17.05	16.33	16.51
N_2 体积浓度/%	27.82	26.06	29.98	27.27
$CO+H_2$ 体积浓度/%	56.06	56.44	53.68	55.67
热值/($kcal/m^3$)	1652	1662	1581	1641
系统碳转化率/%	70.73	75.13	68.21	72.46

5.3.4　气化运行特性

表 5.7 为空气及纯氧-水蒸气改性条件下熔融炉运行参数及煤气成分。空气改性条件下，熔融炉煤气中一定量的 H_2，该条件下系统无氢元素，因此 H_2 是激冷段喷水后由 CO 通过水煤气变换反应产生的。在纯氧-水蒸气改性条件下，水煤气反应和水煤气变换反应促进了 H_2 的生成，同时由于系统氧浓度提升，H_2 体积浓度均大幅度升高。在纯氧-水蒸

气改性工况增加处理量后，熔融炉顶部温度有所下降，但 CO 和 H_2 体积浓度均有所上升，在系统氧体积浓度为 60%的条件下，CO+H_2 体积浓度可达 62.71%，N_2 体积浓度仍有 25.57%。若送粉风比例降低，系统氧浓度可进一步提高，CO+H_2 体积浓度也将进一步提高。

表 5.7　空气及纯氧-水蒸汽改性下熔融炉运行参数及煤气成分

参数		空气改性	纯氧-水蒸气改性 1	纯氧-水蒸气改性 2
给煤量/(kg/h)		120	95	120
改性温度/℃		960	960	950
熔融炉顶部温度/℃		1430	1410	1400
熔融炉底部温度/℃		1200	1260	1275
改性氧气燃料比/(Nm³/kg)		0.219	0.227	0.175
系统氧气燃料比/(Nm³/kg)		0.725	0.780	0.581
系统氧气浓度/%		46.16	60.93	59.36
煤气成分	CO 体积浓度/%	41.90	38.16	43.33
	CO_2 体积浓度/%	9.08	18.29	11.32
	CH_4 体积浓度/%	0.26	0.37	0.40
	H_2 体积浓度/%	5.36	17.03	19.38
	N_2 体积浓度/%	43.40	26.15	25.57
	CO+H_2 体积浓度/%	47.26	55.19	62.71
热值/(kcal/m³)		1426	1624	1843

表 5.8 为熔融炉煤气产率和系统气化指标。不同工况下系统 CO_2 产率较改性装置 CO_2 产率增加较少，同时 CO 和 H_2 产率大幅度升高。由此可见，改性飞灰在 1400℃条件下可以通过部分燃烧反应和水煤气反应生成大量的 CO 和 H_2，使碳转化率由改性装置的不到 20%（表 5.3）提高至最高 80%。另外，在纯氧-水蒸气改性条件下，系统氧气燃料比的增加会促进燃烧反应增强，在高温条件下，燃烧反应会同时促进 CO_2 和 CO 增加，此时生成的 CO_2 量多于 CO，导致熔融炉煤气热值降低，但 CO 和 H_2 产率增加。

表 5.8　熔融炉煤气产率和系统气化指标

工况	空气改性	纯氧-水蒸气改性 1	纯氧-水蒸气改性 2
改性 CO 产率/(Nm³/kg)	0.10	0.08	0.07
系统 CO 产率/(Nm³/kg)	0.89	0.82	0.76
改性 H_2 产率/(Nm³/kg)	0.01	0.09	0.07
系统 H_2 产率/(Nm³/kg)	0.11	0.37	0.34
改性 CO_2 产率/(Nm³/kg)	0.15	0.20	0.15

续表

工况	空气改性	纯氧-水蒸气改性 1	纯氧-水蒸气改性 2
系统 CO_2 产率/(Nm^3/kg)	0.19	0.40	0.20
系统碳转化率/%	71.09	80.29	63.05
系统冷煤气效率/%	43.87	50.87	46.80
二次飞灰碳含量/%	61.4	52.9	41.2

5.4 小 结

为实现煤气化飞灰再气化制取合成气，流化熔融气化工艺利用循环流化床的特性对气化飞灰进行流态化改性，再对改性飞灰进行高温熔融气化，从而开发能够用于气化飞灰的一代新型高效气化技术。针对流化熔融气化工艺进行了技术开发，对流化熔融气化技术中流态化改性技术和改性燃料的气化技术等关键技术进行了研发，获得了气化飞灰相貌和灰熔融性的改性提质规律；分析了改性飞灰高温气化过程中的气化反应途径，获得了改性氧气燃料比、系统氧气燃料比、改性蒸汽燃料比、改性氧气浓度等运行条件对改性飞灰气化效率的控制规律。在此基础上，完成了千吨/年级流化熔融试验装置验证，实现了气化飞灰单一燃料常压再气化制取合成气，对以气化飞灰为代表的超低挥发分含碳固废的资源利用提供新的技术途径，对固废处理和节能降碳具有重要的社会意义。

参 考 文 献

[1] 孙锐, 张鑫, Kelebopile L, 等. 燃烧中气化半焦孔隙结构特性变化实验研究[J]. 中国电机工程学报, 2012, 32(11): 35-40, 142.

[2] Niu C K, Xia W C, Xie G Y. Effect of low-temperature pyrolysis on surface properties of sub-bituminous coal sample and its relationship to flotation response[J]. Fuel, 2017, 208: 469-475.

[3] Mitchell R E, Ma L Q, Kim B J. On the burning behavior of pulverized coal chars[J]. Combustion and Flame, 2007, 151(3): 426-436.

[4] Cao X, Kong L X, Bai J, et al. Effect of water vapor on coal ash slag viscosity under gasification condition[J]. Fuel, 2019, 237: 18-27.

[5] Tremel A, Spliethoff H. Gasification kinetics during entrained flow gasification – Part II: Intrinsic char reaction rate and surface area development[J]. Fuel, 2013, 107: 653-661.

[6] Dai B Q, Hoadley A, Zhang L. Characteristics of high temperature C-CO2 gasification reactivity of Victorian brown coal char and its blends with high ash fusion temperature bituminous coal[J]. Fuel, 2017, 202: 352-365.

[7] Sudiro M, Zanella C, Bertucco A, et al. Dual-bed gasification of petcoke: Model development and validation[J]. Energy & Fuels, 2010, 24: 1213-1221.

[8] Nagpal S, Sarkar T K, Sen P K. Simulation of petcoke gasification in slagging moving bed reactors[J]. Fuel Processing Technology, 2005, 86(6): 617-640.

[9] He C, Feng X, Chu K H. Process modeling and thermodynamic analysis of Lurgi fixed-bed coal gasifier in an SNG plant[J]. Applied Energy, 2013, 111: 742-757.

[10] Gil-Lalaguna N, Sánchez J L, Murillo M B, et al. Air-steam gasification of sewage sludge in a fluidized bed. Influence of some operating conditions[J]. Chemical Engineering Journal, 2014, 248: 373-382.

[11] Hernández J J, Aranda G, Barba J, et al. Effect of steam content in the air-steam flow on biomass entrained flow gasification[J]. Fuel Processing Technology, 2012, 99: 43-55.

第 6 章
气流床气化细渣流化熔融燃烧资源化利用技术

在前面的章节中，主要介绍流化床气化飞灰的资源化利用技术。气流床煤气化技术因具有气化指标高、气化强度大和单炉处理能力强等优点而广泛应用于煤化工领域[1]。目前，国内气流床气化炉的市场占有率达 80%以上。

气流床气化炉在运行过程中会产生大量的气化灰渣，年排放量高达 6000 万 t 以上，累计堆存数亿吨。目前，气化灰渣处理方式仍然以堆存为主，极易发生自燃和粉尘飞扬，造成严重的火灾安全和环境污染问题，尚没有大规模资源化处置方案。气化灰渣被认为是煤基固废的典型代表，是煤化工领域的技术短板之一。

气化灰渣分为粗渣和细渣两种，其中气化细渣是气流床出口粗煤气洗涤净化过程中产生的黑水，之后沉淀得到的固体废弃物，占气化灰渣总量的 20%~70%。气化细渣具有高碳、高含水的特点，高含水特征极大地限制了其资源化利用[2-5]。

气化细渣中的碳石墨化程度高，部分碳被熔渣所包裹，脱碳难度大。燃烧脱碳是气化细渣资源化利用的一种可行思路，中煤科工集团[6]、航天长征化学工程股份有限公司[7]、华电电力科学研究院[8]、阳煤集团[9]等单位都进行了气化细渣与煤在循环流化床锅炉混燃的探索，但受限于气化细渣粒径较细、水分较高、石墨化程度高且碳部分被熔渣所包裹等物性特征，气化细渣与常规燃料的掺混比例难以超过30%，无法满足大规模处理的要求。

本章主要介绍气化细渣流化熔融燃烧资源化利用技术的研究进展。

6.1　气流床气化细渣物性特征

为了进行气化细渣燃烧特性的研究，本节从宁夏和大同等煤化工基地选取三种较为典型的气化细渣，炉型涵盖德士古、航天炉和壳牌等国内主流炉型。所采集的气化细渣样品均采用四分法取样进行后续样品分析。气化细渣来源、炉型、原料煤及运行参数见表 6.1。

1. 成分

表 6.2、表 6.3 列出了气化细渣的收到基和干燥基的工业分析。气化细渣收到基水分含量(质量分数)比较高，为 40%~54%，原因在于气流床气化细渣是粗煤气中通过洗涤之后产生的黑水沉淀得到的。碳量(质量分数)为 9.91%~25.01%，热值只有 2.13~8.48MJ/kg，

热值较低，不脱水难以利用。气化细渣是气化炉高温气化后的产物，因此气化细渣中的挥发分较低，小于 2%。气化细渣高水、低挥发分和低热值的特征决定其高效燃烧脱碳技术难度大。通过干燥处理后，干燥基碳含量为 16.19%～48.39%，热值为 3.48～15.51MJ/kg，具有潜在的利用价值。表 6.4 所示的元素分析显示，气化细渣中元素以碳为主，氮和硫含量低。表 6.5 为灰成分分析，气化细渣中主要元素以 SiO_2、Al_2O_3、CaO 和 Fe_2O_3 为主，与原煤无明显差别。其中，SiO_2 含量最多，Al_2O_3、CaO 和 Fe_2O_3 次之。气化细渣中较高的 CaO 含量是由于在气化炉运行过程中，为了降低灰渣熔点保证连续液态排渣，加入了 CaO 作为助熔剂。

表 6.1　气化细渣来源、炉型、原料煤及运行参数

名称	来源	炉型	原料煤	运行参数
榆林德士古(DSG)气化细渣	神华宁夏煤业集团	德士古水煤浆加压气化炉	榆林烟煤	1400℃ 4.0MPa
宁夏宝丰航天炉(HT)气化细渣	宁夏宝丰能源集团	航天炉粉煤加压气化炉	宁东矿区褐煤	1600℃ 4.0MPa
山西大同壳牌炉(SH)气化细渣	同煤广发化学工业有限公司	壳牌粉煤加压气化炉	大同烟煤	1600℃ 4.0MPa

表 6.2　气化细渣工业分析(收到基)

气化细渣	M_{ar}/%	V_{ar}/%	A_{ar}/%	FC_{ar}/%	$Q_{net,ar}$(低位热值)/(MJ/kg)
DSG	40.05	1.84	48.20	9.91	2.13
HT	54.68	1.45	26.67	17.20	5.35
SH	48.57	0.74	25.68	25.01	8.48

表 6.3　气化细渣工业分析(干燥基)

气化细渣	M_d/%	V_d/%	A_d/%	FC_d/%	$Q_{net,d}$/(MJ/kg)
DSG	2.08	3.01	78.72	16.19	3.48
HT	2.03	3.14	57.66	37.18	11.56
SH	0.50	1.43	49.68	48.39	15.51

表 6.4　气化细渣元素分析(干燥基)(质量分数)　(单位：%)

气化细渣	C_d	H_d	O_d	N_d	S_d
DSG	15.81	0.61	4.32	0.09	0.44
HT	36.57	0.81	4.57	0.15	0.25
SH	47.34	0.37	1.74	0.21	0.65

表 6.5　气化细渣灰成分分析(质量分数)　(单位：%)

气化细渣	SiO_2	Al_2O_3	CaO	Fe_2O_3	MgO	SO_3	K_2O	Na_2O
DSG	53.25	15.56	9.93	7.43	3.70	2.98	2.29	2.08
HT	46.62	16.02	14.00	10.81	2.52	3.28	1.68	2.32
SH	43.64	21.33	12.16	9.04	1.03	6.52	1.38	1.05

2. 粒径

气化细渣中位粒径分别为 12.70μm、22.76μm、57.07μm，皆属于 C 类粒子，见表 6.6。与入炉煤相比，粒径明显降低。原煤到气化细渣粒径变化的过程主要包括煤焦膨胀与破碎、灰渣熔融和破碎。气化细渣之间粒径的区别主要是原煤煤质、矿物质组成、气化运行和操作条件等不同导致的。相较之下，DSG 气化细渣粒径最小。

表 6.6　气化细渣粒径分布

气化细渣	切割粒径/μm			
	d_{10}	d_{50}	d_{90}	体积平均直径
DSG	1.52	12.70	82.87	29.68
HT	2.81	22.76	89.88	36.29
SH	4.86	52.07	322.40	114.48

3. 孔结构

从表 6.7 可知，气化细渣的峰值孔径均小于 2nm，这说明孔隙都属于微孔结构，在燃烧脱碳过程中，需要打开微孔，增加残炭与 O_2 的接触面积，增强气化细渣的反应活性。不同气化细渣 BET 比表面积和比孔容积相差较大，孔比表面积为 $74.19\sim220.98m^2/g$，比孔容积为 $80.78\sim178.79m^3/g$，原因在于比表面积和比孔容积数值与气化细渣颗粒粒径存在直接关系，其粒径越大其比表面积和比孔容积会越小。由粒径分析可以看到，SH 气化细渣粒径最大，因此该气化细渣的孔隙比表面积相应为最小。相对于 SH 和 DSG，HT 气化细渣孔隙结构更为发达，气化细渣粒径较小，其比表面积相应较大；另外，航天炉与壳牌炉是干粉式气流床，设计流场形式存在不同，导致颗粒破碎程度存在差异，HT 气化细渣碳骨架更完整，孔隙结构更完好。

表 6.7　气化细渣比表面积与比孔容积、峰值孔径

气化细渣	比表面积/(m²/g)	比孔容积/(m³/g)	峰值孔径/nm
DSG	110.34	143.31	1.58
HT	220.98	178.79	1.58
SH	74.19	80.78	1.78

4. 微观结构

利用原位超高分辨场发射扫描电子显微镜对气化细渣进行微观结构分析，气化细渣的 SEM 照片如图 6.1 所示。气化细渣表面空隙结构差，表面有明显的熔渣状物体，主要原因是气化炉温度高于煤灰的熔融温度。较差的孔隙结构阻碍未燃碳与氧气接触，制约气化细渣的脱碳反应。因此，要实现气化细渣的高效脱碳，必须先打开气化细渣的熔渣外壳，提高气化细渣的反应活性。

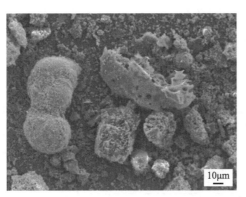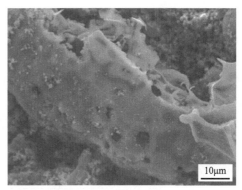

(a) DSG

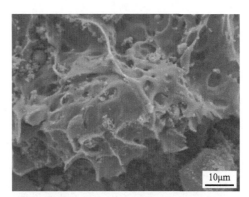

(b) HT

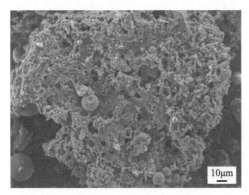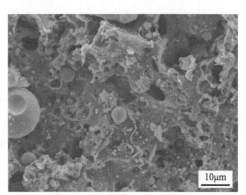

(c) SH

图 6.1 气化细渣 SEM 照片

6.2 燃 烧 特 性

采用德国耐驰集团(NETZSCH)的 STA 449F3 型热重分析仪进行三种干燥后气化细渣(含水量<3%)的燃烧特性分析，升温速率 10K/min，温度为 0~1200℃，气氛为 O_2/N_2，O_2 的体积分数为 21%、30% 和 50%。

气流床气化细渣热重(thermogravimetry, TG)曲线与微商热重(derivative thermogravimetry, DTG)曲线如图 6.2 所示。三种气流床气化细渣中无挥发分,因此常规煤在 400℃左右挥发分析出阶段并未发生挥发分析出。三种气化细渣的主要失重阶段是 487~700℃,榆林德士古(DSG)气化细渣、宁夏航天炉(HT)气化细渣、大同壳牌炉(SH)气化细渣的失重率分别为 13%、29%和 17%,相比三种气化细渣中原本的残炭 16%、37%和 48%(质量分数), DSG 气化细渣残炭消耗了 81%, HT 气化细渣残炭消耗了 78%, SH 气化细渣残炭消耗了 35%。说明在常规的燃烧温度下(<1200℃),并不能实现气化细渣的高效脱碳,需要进一步提高燃烧温度到 1300℃以上。

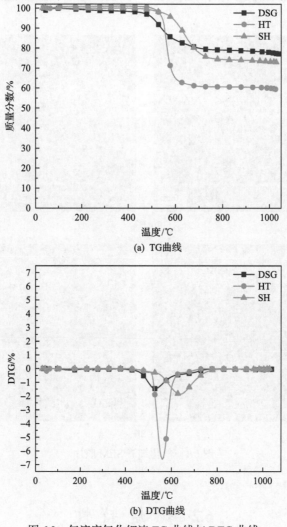

(a) TG曲线

(b) DTG曲线

图 6.2 气流床气化细渣 TG 曲线与 DTG 曲线

通过着火特性、燃尽特性和综合燃烧特性对三种气化细渣的燃烧特性进行对比分析。着火特性通过着火温度 T_i 表征,着火温度越低,着火特性越好。着火温度通过 TG-DTG 方法[10]确定。

燃尽特性通过肖三霞[11]提出的燃尽特性指标 H_j 进行表征，H_j 的值越大，样品的燃尽特性越好。

$$H_j = \frac{\left(\dfrac{dw}{dt}\right)_{max}}{T_i \cdot T_{max} \cdot \dfrac{\Delta T_h}{\Delta T}} \tag{6-1}$$

式中，T_i 为样品的着火温度，℃；T_{max} 为样品的燃烧最大失重峰温度，℃；$\left(\dfrac{dw}{dt}\right)_{max}$ 为样品燃烧最大失重速率，mg/min；ΔT_h 为 DTG 曲线后半峰温度差，℃；ΔT 为 DTG 曲线总峰温度差，℃。

综合燃烧特性通过陈建原等[12]提出的综合燃烧特性指数 S 进行表征，它综合反映了样品的着火特性和燃尽特性，S 值越大，说明样品的着火特性和燃尽特性越好。

$$S = \frac{\left(\dfrac{dw}{dt}\right)_{max} \cdot \left(\dfrac{dw}{dt}\right)_{mean}}{T_i^2 \cdot T_b} \tag{6-2}$$

式中，$\left(\dfrac{dw}{dt}\right)_{mean}$ 为平均燃烧速率，mg/min；T_b 为样品的燃尽温度，℃。

三种气化细渣的各项燃烧特性指标见表 6.8，可知 O_2 与 N_2 的体积分数之比为 21%:79% 时，DSG、HT、SH 三种气化细渣着火温度分别为 487℃、540.7℃、587.6℃，DSG 气流床气化细渣着火温度最低，SH 气流床气化细渣着火温度最高，须达到 587.6℃才可燃烧。

HT 气化细渣的综合燃烧特性为最佳，其次是 DSG 气化细渣，SH 气化细渣综合燃烧特性较差，着火较为困难且燃尽性较差，综合燃烧特性远低于 HT 气化细渣。

表 6.8　三种气化细渣的燃烧特性指标

样品	O_2 与 N_2 的体积分数比	着火温度 T_i/℃	燃尽特性指标 H_j/10^{-6}	综合燃烧特性指数 S/10^{-9}
DSG7921	21%:79%	487.0	0.86	0.11
DSG7030	30%:70%	480.1	1.08	0.17
DSG5050	50%:50%	469.0	1.02	0.16
HT7921	21%:79%	540.7	5.76	4.43
HT7030	30%:70%	534.3	19.0	30.90
HT5050	50%:50%	536.3	16.6	28.40
SH7921	21%:79%	587.6	1.42	0.19
SH7030	30%:70%	554.8	1.66	0.27
SH5050	50%:50%	531.9	1.02	0.10

从表 6.8 可以看到，随着氧气体积浓度从空气气氛提高到 30%的富氧浓度，三种气化细渣的燃尽特性指标都有所改善，均呈上升趋势，其中增幅最大的是 HT 气化细渣，其燃尽特性指标提高 230%，其次是 DSG 气化细渣与 SH 气化细渣，分别为 26%、17%。而从 30%富氧浓度提高到 50%富氧浓度时，不同气化细渣的燃尽特性指标均反映出下降趋势，燃烧特性变差。DSG 气化细渣、HT 气化细渣、SH 气化细渣的燃尽特性指标分别减少 5.6%、12.6%、38.6%。

6.3 熔融特性

在灰分熔融过程中，随着温度的升高，灰分发生初始熔融且各灰粒之间发生烧结，灰粒的体积逐渐减小且数量逐渐减少。随着温度的进一步升高，将形成熔体且生成气体，灰颗粒急剧减少，体积膨胀[13]。为了定量描述灰熔融过程，利用热机械分析研究灰分熔融过程中的收缩特性，并结合 FactSage 计算熔融过程中的矿物质转化。

6.3.1 灰熔融行为

一般将灰熔融过程根据其收缩曲线分为烧结阶段、初始熔融阶段和自由液相阶段[14]。熔体中包裹分解产生的气体或熔体的热膨胀可能引起熔融过程中体积的增大[15, 16]。图 6.3 所示的收缩曲线表明，HT 气化细渣有一个明显的膨胀区间。将加热过程中灰熔融变化分为 4 个阶段：阶段 1(烧结)、阶段 2(膨胀)、阶段 3(初级熔融)和阶段 4(自由液体)。从收缩率曲线可以看出，熔融温度范围较窄，即阶段 3 开始温度与结束温度之差均小于100℃，说明三种气化细渣的熔融机制均为熔融-溶解机制。收缩曲线的两个特征温度分别表示为 T_{S1} 和 T_{S2}，如表 6.9 所示。T_{S1} 为烧结结束温度和熔融起始温度，T_{S2} 为初级熔融阶段结束温度，为自由液相阶段起始温度[14]，可分别替代 ST 和 FT。因此，为了保证出渣，HT 气化细渣、SH 气化细渣、DSG 气化细渣的熔融炉温度分别保持在 1308℃、1370℃、

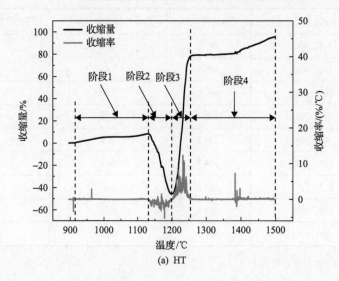

(a) HT

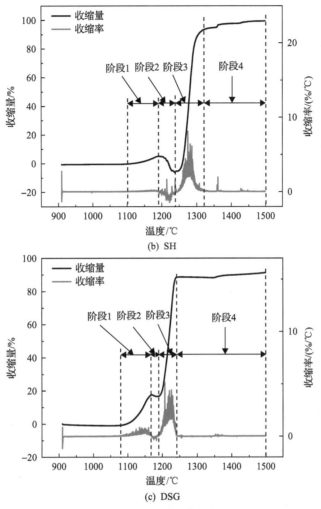

图 6.3　气化细渣熔融收缩特性

表 6.9　熔融特征温度

样品	T_{S1}/℃	T_{S2}/℃
HT	1130	1258
SH	1197	1320
DSG	1166	1238

1288℃以上(基于运行温度应高于 FT50～200℃的结论)。与其他两种细渣相比，DSG 气化细渣中酸性氧化物含量降低，碱性氧化物含量增加，熔融特征温度降低[17]。因此，从熔融角度来看，DSG 气化细渣在流化熔融工艺中具有较大的优势。

通过 FactSage 计算熔融过程中矿物成分的变化，解释熔融机理，如图 6.4 所示。

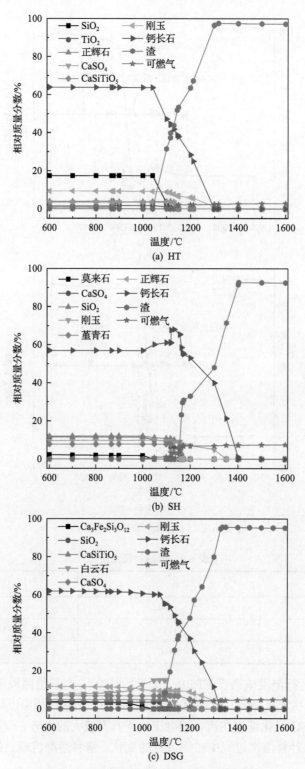

图 6.4 气化细渣熔融过程矿物质转化分数

虽然计算结果基于化学反应的平衡，与实际反应有些不同，但可以辅助研究熔融过程中矿物的转化。随着温度的升高，气化细渣经历了矿物的转变、初始液相的形成和残余固相的熔融溶解。SH 气化细渣、DSG 气化细渣和 HT 气化细渣的固相完全转变为液相的温度分别为 1402.3℃、1336.1℃和 1317.0℃。熔融过程中产生了多种矿物，其中钙长石为主要晶相，约占 60%。此外，还有少量的刚玉和 SiO_2。根据 FactSage 的结果，在熔融过程中产生了气体，气体来自 SO_3 分解产生的 SO_2 和 O_2，以及剩余未分解的 SO_3。熔体体积增大程度是多种因素综合作用的结果，除气体外，还与熔体的黏度和热膨胀有关。因此，收缩曲线中的膨胀程度与计算出的气体量之间没有明显的相关性。

6.3.2　黏温特性

流化熔融燃烧系统能否长期稳定运行强烈依赖熔渣的稳定排出，而熔渣的高温黏温特性是决定熔渣能否顺利排出的主要因素[18, 19]。

1. 高温黏温特性

液态排渣气化炉中高温熔渣的黏温特性已经被广泛研究。最佳排渣温度为黏度 2～25Pa·s 对应的温度，如图 6.5 灰色区域所示。T_{cv} 是区分受晶体影响的黏度和不受晶体影响的黏度的温度分界点。HT 气化细渣、SH 气化细渣、DSG 气化细渣的 T_{cv} 分别为 1423℃、1342℃、1170℃。根据黏温特性曲线的变化规律，熔渣可分为玻璃渣和结晶渣两类[20]。从图 6.5 中可以看出，随着温度的降低，黏度逐渐增大，这说明三种细渣熔融得到的熔渣均为玻璃渣。因此，DSG 气化细渣和 SH 气化细渣生成的熔渣可液态排渣，避免熔融炉温度波动引起的堵渣和温度过高对耐火材料造成腐蚀。

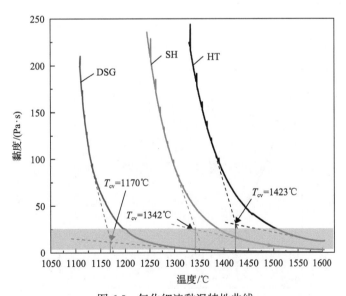

图 6.5　气化细渣黏温特性曲线

2. 相变对黏温特性的影响

当温度高于液相温度时,熔渣为均质液体,其黏度由体积组成决定,如 SiO_2 和 Al_2O_3 的质量比或摩尔比以及 CaO 和 FeO 的含量。然而,在液相线温度以下,由于熔体中有固相的析出而转化为非均相。特定温度下的黏度与固相量、SiO_2 与 Al_2O_3 的质量比或摩尔比以及固相析出引起的液相组成变化有关[20, 21]。孔令学等计算熔渣中固体成分和含量的变化,发现固相曲线的变化趋势与渣的黏温特性曲线变化趋势相似,通过固相含量曲线的拐点可以预判 T_{cv}[20, 22]。

三种气化细渣的化学成分如表 6.10 所示。根据组成,用 FactSage 计算三种气化细渣的相变结果,如图 6.6 所示。HT 气化细渣、SH 气化细渣、DSG 气化细渣的液相温度 T_{liq} 分别为 1451.3℃、1391.5℃、1408.6℃。随着炉渣温度的降低,以 Fe_2O_3 为主要成分的刚玉从液态熔体中析出。此外,SH 气化细渣和 DSG 气化细渣在冷却过程中,随着 SiO_2、Al_2O_3 和 CaO 质量的降低,钙长石晶体析出,其主要成分为 $CaAl_2Si_2O_8$。随着固相的析出,实际测得的黏度逐渐增大。由于结晶相析出的类型和数量只是影响黏度的因素之一,黏度的增加与固相含量没有直接关系。对于高炉细渣,较差的黏温特性是由于 SiO_2 含量高,可在高温下形成较大的网络结构,增大了细渣质量流动的内摩擦。而对于 DSG 气化细渣,在低 SiO_2 含量和高 CaO 含量(作为网络改进剂,破坏网络结构)的共同作用下,内摩擦阻力小,有效缓解了结晶析出造成的黏度增加。综上所述,从流动特性上看,DSG 气化细渣在系统中具有较大的潜力。

表 6.10 三种气化细渣化学成分(质量分数) (单位:%)

样品	SiO_2	Al_2O_3	Fe_2O_3	CaO	K_2O	TiO_2	MgO	Na_2O	Si/Al
HT	59.20	17.20	9.03	7.62	2.44	1.66	1.44	1.42	3.44
SH	49.28	22.91	9.53	12.98	1.44	2.01	1.10	0.75	2.15
DSG	48.43	19.27	12.07	14.67	1.44	1.63	1.26	1.23	2.51

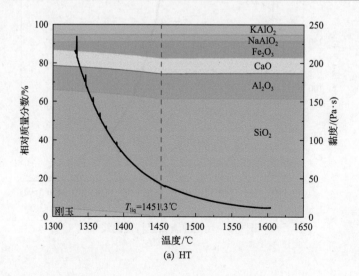

(a) HT

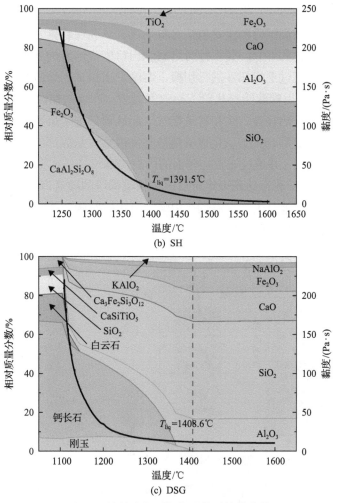

图 6.6　熔体冷却过程中矿物质转换分数

不同颜色区域对应左侧相对质量分数，线对应右侧黏度

6.4　流化熔融燃烧特性

中国科学院工程热物理研究所提出了气化细渣熔融资源化利用技术，采用气化细渣热改性—高效焚烧+矿相重构—熔渣高值化利用相结合的技术路线，通过改性提高碳组分的反应活性，通过优化焚烧炉内的流场和温度场，实现改性活化后碳的高效燃烧；通过对无机组分进行矿相重构，生成高活性的玻璃相熔渣，并进一步制取铝硅基产品；实现煤气化细渣碳和无机组分的分质利用。在 100t/a 流化熔融燃烧试验台上对气化细渣的热改性-熔融燃烧过程、燃尽特性以及熔渣产物特性开展研究。

6.4.1　流化熔融燃烧工艺

　　100t/a 流化熔融燃烧试验台主要包括给料系统、热改性装置、熔融燃烧炉、熔渣冷却装置和烟气冷却装置五部分。其中针对熔融炉出口生成熔渣的处理具有熔池聚集和辐射冷却两项功能，可通过更换部件进行切换。熔融炉出口采用熔池结构时的工艺流程如图 6.7 所示，气化细渣由螺旋给料机给入热改性装置，产生的热改性飞灰和气体混合燃料通过高温金属管进入热烧嘴，并和富氧空气一起从顶部进入熔融炉，在燃烧脱碳段发生燃烧反应，反应温度为 1500℃，生成的熔渣与高温烟气从底部的出口进入矿相重构段熔池。熔渣在熔池聚集，并通过布置在侧面的丙烷烧嘴维持矿相重构段在 1500℃，保证熔渣处于熔融状态。熔渣积存达到一定量后由矿相重构段的溢流口流出，掉入激冷渣池，经水激冷后通过二级渣池排出。高温烟气由熔池流出后被辐射换热器和烟气冷却器冷却到 300℃，再经除灰后由烟囱排放。

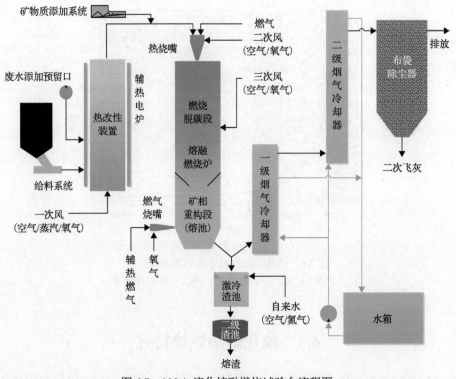

图 6.7　100t/a 流化熔融燃烧试验台流程图

　　试验台本体包括热改性装置和熔融炉。热改性装置为循环流化床反应器，由提升管、旋风分离器、料腿、返料器和给料装置等组成；熔融炉包括热烧嘴、燃烧脱碳段和矿相重构段，根据研究需要，矿相重构段包括熔池结构和辐射冷却结构两种。

6.4.2　热改性-熔融燃烧过程

　　流化熔融燃烧工艺通过对气化细渣的热改性实现其燃烧，利用热改性过程可将气化细渣中部分石墨碳结构转变为活性碳结构，使其具备快速燃烧的性质；再利用活性碳结构的快速燃烧放热使细渣玻璃相矿物质外壳熔融破碎和被包裹碳的析出，从而实现细渣的高效燃烧脱碳。

1. 热改性过程分析

热改性装置为循环流化床反应器，气化细渣的热改性通过一定程度的燃烧/气化反应实现。利用 DSG 对热改性原理进行了研究，图 6.8 为 DSG 在热改性过程中生成改性煤气的组成，其中燃料量约为 20kg/h，改性气化剂为空气（氧气浓度为 21%），改性过量氧气系数 λ_P 为 0.24，改性温度约为 935℃。改性过量氧气系数为热改性装置内给入氧气量与燃料完全燃烧所需氧气量的比值。由图 6.8 可见，在空气改性气氛下，热改性煤气中主要成分为 N_2 和 CO_2，并有少量的 CO 和 H_2。细渣已基本不含挥发分，因此改性煤气 CH_4 体积分数接近零。改性煤气成分中 CO_2 体积分数较高，说明细渣改性过程中的反应以残炭的燃烧反应为主，同时由于在还原条件下残炭的不完全燃烧反应也会导致少量 CO 的生成。经计算，细渣的热改性碳转化率为 17.8%，改性细渣碳含量为 47.41%，细渣在热改性过程中残炭的转化程度较低。

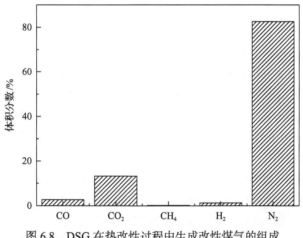

图 6.8 DSG 在热改性过程中生成改性煤气的组成

气化细渣是气流床气化炉残炭，一般由激冷黑水沉淀得到，其特性既不同于气流床气化炉原料煤粉，又不同于灰熔融温度以下运行的气化炉或锅炉产生的飞灰。图 6.9 为 DSG 原料细渣和改性细渣的粒径分布，表 6.11 为原料细渣和改性细渣的特征粒径分析。由图 6.9 可见，原料气化细渣粒径呈"非单峰"分布，这是由于气化细渣来自气流床激冷黑水沉淀，而当细渣具有一定碳含量时，会导致颗粒吸水并出现明显的聚团现象，聚团主要发生于 10～100μm 粒径的颗粒，这一聚团难以通过常温空气条件下的干燥消除。经过热改性后，改性细渣粒径呈"单峰"分布。这是由于在热改性过程中细渣被 CFB 反应器中循环物料快速加热并发生部分燃烧，导致细渣中水分完全析出并发生一定程度的燃烧反应，从而使聚团的细渣剥落，达到消除聚团的效果。由表 6.11 可见，这一作用使改性细渣粒径比原料细渣降低，以 d_{90} 降低最为明显。

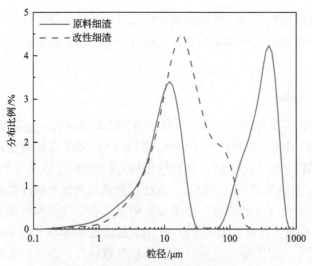

图 6.9　DSG 原料细渣及改性细渣粒径分布

表 6.11　DSG 原料细渣和改性细渣粒径分析　　　　　　　　　(单位：μm)

样品	d_{10}	d_{50}	d_{90}
原料细渣	5.5	22.8	357.2
改性细渣	5.5	18.9	72.5

图 6.10 为原料细渣和改性细渣形貌及表面元素特征。由图可见，原料细渣颗粒粒径较大，颗粒间存在聚团现象，大颗粒上黏附了大量细小颗粒，与粒径分析结果一致，同时细渣颗粒孔隙结构较少。由表面元素分析结果可知，a 位置碳含量较高，表明该位置残炭外露；b 位置碳含量较低，且相对 a 位置 O、Si、Fe、Ca 元素含量大幅度提高，说明该位置矿物质较为集中，由形貌可见 b 位置为光滑外表，可以推断该位置为玻璃相矿物质包裹残炭的形态，其中玻璃相矿物质是在气流床气化炉高温条件下所产生的。由此可见，原料细渣中包含外露残炭和玻璃相矿物质包裹残炭两类形态，这不利于细渣在非熔融条件下的燃烧脱碳。与此同时，改性细渣颗粒粒径普遍减小，大颗粒上黏附的细渣明显减少。由表面元素可见，外露残炭(位置 c)和玻璃相矿物质包裹残炭(位置 d)在改性细渣中依然存在，这是因为细渣在约 950℃条件下改性，该温度下玻璃相矿物质难以发生变化。由形貌可见，改性细渣相比原料细渣在粒径减小的同时，外露残炭颗粒的孔隙也有所增加。表 6.12 中给出了原料细渣和改性细渣的比表面积和比孔容积，气化细渣经过改性后，改性飞灰比表面积比原料提升约 25%，比孔容积也大幅度增加，这将有利于这部分残炭的燃烧。

图 6.11 为原料细渣和改性细渣 Raman 光谱分析结果。分析光谱经过分峰后可分为 D1、D2、D3、D4 和 G 五个光谱带，并且可以通过光谱带面积的比值表征残炭的碳架结构性质，其中(D3+D4)带表示碳架结构中活性缺陷碳结构的数量，G 带表示石墨结构的数量，因此可以用(D3+D4)光谱带面积与 G 光谱面积的比值 I_{D3+D4}/I_G 反映活性缺陷碳结构对比石墨结构的比例。由 Raman 光谱分析结果可见，改性细渣与原料细渣相比，活性

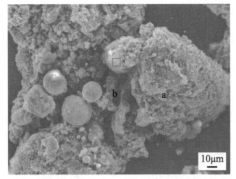

原料细渣各元素质量分数（单位：%）

元素	a	b
C	65.8	28.7
O	17.0	20.6
Si	4.8	10.4
Al	2.2	5.43
Ca	3.3	16.9
Fe	2.7	16.3

(a) 原料细渣

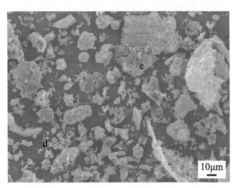

改性细渣各元素质量分数（单位：%）

元素	c	d
C	77.4	16.9
O	16.0	33.5
Si	2.1	2.9
Al	0.6	4.6
Ca	0.9	11.9
Fe	2.1	23.7

(b) 改性细渣

图 6.10　原料细渣和改性细渣形貌及表面元素特征

表 6.12　原料细渣和改性细渣比表面积和比孔容积

项目	原料细渣	改性细渣
$S_{BET} /(m^2/g)$	195.2	244.3
比孔容积/(cm^3/g)	0.229	0.310

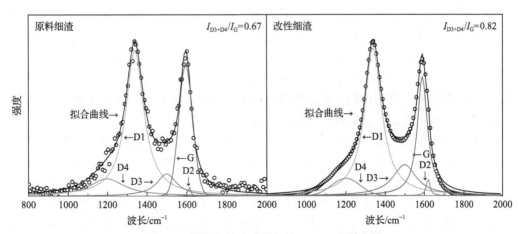

图 6.11　原料细渣和改性细渣 Raman 光谱分析

缺陷碳结构的比例有所增加。这是由于气化细渣在改性过程中会发生一定程度的燃烧和气化反应，以上反应虽然对碳转化的作用程度较低，但有利于残炭中石墨化碳键的断裂，从而使残炭碳架结构中部分稳定石墨结构转化为活性缺陷结构，促进了碳架活性位点的增加，使 I_{D3+D4}/I_G 增加。

利用 TG 分析原料细渣和改性细渣在常温至 950℃升温条件下的热重曲线，反应气氛为 N_2（摩尔分数 79%）-O_2（摩尔分数 21%），升温速率为 5℃/min。图 6.12 为榆林原料细渣及改性细渣的热重分析结果。由图可见，改性细渣的燃烧起始温度比原料细渣明显降低，经计算着火温度由 558℃降低至 536℃。与此同时，改性细渣相比原料细渣最大反应速率提高了 93%，体现出了热改性对气化细渣的改性效果。由以上分析可知，热改性过程使气化细渣颗粒孔隙和比表面积增加，同时将部分石墨化碳键转变为活性碳键，从而改善了气化细渣的形貌和碳架结构，使其着火温度降低、燃烧反应性增强。

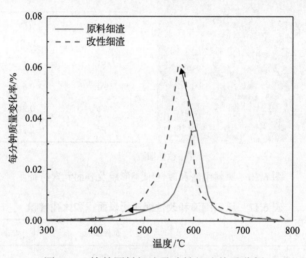

图 6.12　榆林原料细渣及改性细渣热重分析

2. 熔融燃烧过程

气化细渣经热改性生成的改性细渣与改性煤气，在熔融炉燃烧脱碳段灰熔点以上的高温条件下完成燃烧。其中，热改性气固混合燃料与二次风富氧空气首先经热烧嘴进入熔融炉开始燃烧反应，同时在热烧嘴以下 450mm 处给入三次风富氧空气，促进改性细渣的燃尽。热烧嘴为同心环形结构，中心通道为热改性燃烧，外环为二次风富氧空气通道；三次风为一条圆形通道，直接通入熔融炉侧壁。

表 6.13 为通过调节改性过量氧气系数改变改性温度时试验系统的运行参数，其中二次风、三次风的氧气浓度分别为各自空气与氧气混合后计算的氧气浓度，系统氧气浓度为一次风、二次风、三次风中空气总和与氧气总和混合后计算的氧气浓度，二次风过量氧气系数 λ_2、三次风过量氧气系数 λ_3 分别为各自所含氧气量与燃料完全燃烧所需氧气量的比值，系统过量氧气系数 λ 为一次风、二次风和三次风的过量氧气系数的总和。不同工况的系统过量氧气系数均为 1.04 左右，熔融炉氧气浓度均为 60% 左右，其中改性温度

和燃烧温度分别为热改性装置和熔融炉燃烧脱碳段内最高温度。由表 6.13 可见，在通过减小改性过量氧气系数而使改性温度由 950℃降低至 890℃的过程中，虽然系统过量氧气系数保持一致，但熔融炉燃烧脱碳段最高温度由 1457℃逐渐降低至 1370℃。这是由于改性细渣在熔融炉的起始燃烧温度强烈依赖于热改性温度，随着热改性温度的降低，改性细渣起始燃烧温度降低，不利于其燃烧反应的进行，从而引起熔融炉燃烧温度的降低。

表 6.13   不同热改性温度工况参数

项目	工况 1	工况 2	工况 3
改性过量氧气系数(λ_P)	0.26	0.23	0.20
$\lambda_2+\lambda_3$	0.77	0.82	0.84
熔融炉氧气浓度/%	60.5	61.5	63.4
λ	1.03	1.05	1.04
改性温度/℃	950	920	890
燃烧脱碳段温度/℃	1457	1401	1370
矿相重构段温度/℃	1407	1410	1403

图 6.13 为工况 1 熔融炉燃烧脱碳段的温度分布。由图可见，在二次风和三次风的共同作用下，燃烧反应的进行使温度在热烧嘴以下 1000mm 之前不断增加，在热烧嘴以下 1000mm 之后，由于燃烧反应的减弱和散热温度开始降低。为保证生成熔渣在燃烧脱碳段滴水檐顺利流出，运行时需保证燃烧脱碳段最下端温度高于 1400℃。燃烧脱碳段下部为矿相重构段熔池，用于延长细渣高温停留时间，以及将矿物质聚集并维持熔融。为维持矿物质在熔池内的熔融状态，在熔池侧壁增加丙烷燃烧器辅热，使熔池温度保持在1400℃左右，所需丙烷流量约为 2m³/h，助燃剂为纯氧。辅热中保证丙烷燃烧的过量氧气系数为 1.05，尽量减少对燃烧脱碳段生成烟气和飞灰的影响。

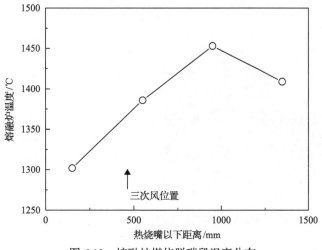

图 6.13   熔融炉燃烧脱碳段温度分布

图 6.14 为工况 1 生成飞灰和熔渣的表面形貌和能量色散 X 射线谱(X-ray energy

dispersive spectrum, EDS)分析。由图可见，飞灰颗粒大部分为球形（位置 a），表面无碳元素，这是由于熔融矿物质被烟气携带并逐渐冷却，从而在熔体表面张力作用下形成球形；同时在飞灰中仍存在少量残存碳元素，主要以轻微絮状存在（位置 b），但碳含量很低，由此可见熔融燃烧产生的飞灰中碳元素含量很少。熔渣为激冷池内所得固体，受激冷过

飞灰中各元素质量分数（单位：%）

元素	a	b
C	0	4.8
O	48.6	45.2
Si	22.1	13.9
Al	13.8	6.1
Ca	6.8	7.1
Fe	6.6	12.4

(a) 飞灰

研磨粗渣中各元素质量分数（单位：%）

元素	c	d
C	0	5.6
O	44.4	50.8
Si	21.9	18.5
Al	8.9	7.2
Ca	12.3	9.1
Fe	11.3	7.2

(b) 研磨粗渣

细渣中各元素质量分数（单位：%）

元素	e	f
C	0	6.61
O	48.10	51.89
Si	22.58	15.52
Al	19.8	47.35
Ca	6.52	7.37
Fe	2.96	8.19

(c) 细渣

图 6.14　工况 1 生成飞灰、熔渣的形貌及表面元素特征

程的影响，熔渣粒径差别较大，因此使用 0.5mm 筛子对熔渣进行筛分，定义粒径在 0.5mm 以上的熔渣为粗渣，粒径在 0.5mm 以下的熔渣为细渣。在熔池结构中大部分熔渣粒径在 10mm 以上，细渣含量极少。图 6.14(b) 和 (c) 为粗渣经研磨后样品的分析结果和细渣样品的分析结果。由图可见，粗渣形貌与飞灰差别巨大，尽管已经研磨成细粉，但样品依然为具有棱角的不规则状颗粒；粗渣表面元素几乎不含碳(位置 c)，但是在熔渣表面会黏附有细小絮状颗粒，其表面存在少量碳元素(位置 d)。细渣表面元素与粗渣分析结果一致，几乎不含碳元素(位置 e)，在黏附细小絮状颗粒上也存在极少量的碳元素(位置 f)。由以上分析可以推断，在熔池结构中，细渣性质与粗渣相同，为粗渣形成过程中少量掉落形成的。

图 6.15 为不同热改性温度工况所得飞灰的 SEM 和 EDS 分析。由 SEM 分析结果可见，随着热改性温度的降低，飞灰中球形颗粒不断减少，絮状颗粒比例不断增加。由颗粒表面 EDS 分析结果可见，球形颗粒表面碳含量较低，主要成分为 O、Si、Fe、Ca 等矿物质元素(位置 a、c、e)，这类颗粒为熔融矿物质随烟气冷却形成飞灰；而絮状颗粒表面碳元素明显高于球形颗粒(位置 b、d、f)，说明其存在一定量以絮状形式存在的残炭。随着热改性温度的降低，球形颗粒表面碳含量也有所增加(位置 a、c、e)，同时絮状颗粒比例增加，絮状颗粒表面碳元素含量也不断增加(位置 b、d、f)，可见热改性温度的降低会

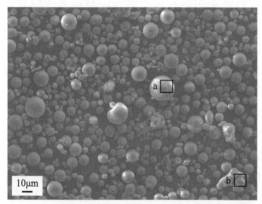

(a) 950℃

950℃飞灰表面元素特征		(单位：%)
元素	a	b
C	6.96	15.08
O	43.68	30.31
Si	10.01	13.10
Al	22.46	7.03
Ca	6.12	11.94
Fe	5.19	13.10

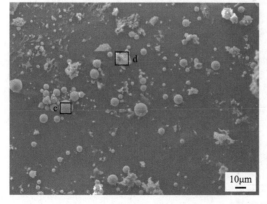

(b) 920℃

920℃飞灰表面元素特征		(单位：%)
元素	c	d
C	12.75	30.67
O	35.03	18.18
Si	10.22	9.40
Al	5.20	2.86
Ca	15.86	14.97
Fe	18.90	15.36

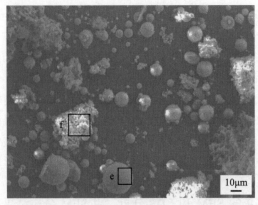

890℃飞灰表面元素特征		(单位：%)
元素	e	f
C	16.23	58.18
O	36.08	16.90
Si	16.50	4.50
Al	16.16	2.60
Ca	1.46	10.74
Fe	9.38	5.68

(c) 890℃

图 6.15　不同热改性温度工况所得飞灰的形貌及表面元素特征

导致熔融炉脱碳效果减弱。由表 6.1 中运行参数可见，随着热改性温度的降低，熔融炉燃烧脱碳段最高运行温度不断降低。由此可以推断，热改性温度的降低使热改性细渣的起始燃烧温度降低，一方面不利于改性外露残炭的燃烧，使其燃烧过程滞后和脱碳程度降低，并导致飞灰中絮状残炭颗粒比例和碳含量增加；另一方面，起始燃烧温度的降低也不利于改性细渣中玻璃相包裹残炭的矿物质外壳的熔融和剥离，使被包裹残炭的燃烧程度降低，最终导致矿物质集中区域碳元素含量增加。这两类残炭燃烧程度的降低又会导致燃烧反应放热的减少，从而引起熔融炉最高运行温度的降低。

图 6.16 为不同热改性温度工况中所得熔渣的 SEM 和 EDS 分析，熔渣均为研磨后的样品。由图可见，研磨后的熔渣均为不规则形状、具有棱角的颗粒，不同颗粒表面碳元素含量均很低，且表面碳含量在热改性温度降低时变化程度不大。这是由于熔渣为熔池内聚集熔融矿物质流出后激冷所得，矿物质原本分布在气化细渣颗粒中，只有达到较高脱碳程度才能形成聚集熔融状态，熔池内聚集熔融矿物质碳含量普遍较低，一般低于 5% 左右。因此，热改性温度的降低虽然会削弱熔融燃烧脱碳的效果，但是对熔渣内碳含量的影响不大。

950℃熔渣表面元素特征		(单位：%)
元素	a	b
C	5.76	5.79
O	43.07	49.00
Si	20.69	17.41
Al	6.31	8.26
Ca	11.50	8.76
Fe	10.61	8.25

(a) 950℃

920℃熔渣表面元素特征	（单位：%）	
元素	c	d
C	6.39	7.31
O	47.91	50.87
Si	18.32	17.61
Al	8.26	8.87
Ca	8.92	7.43
Fe	8.05	5.80

(b) 920℃

890℃熔渣表面元素特征	（单位：%）	
元素	e	f
C	5.44	6.96
O	38.31	42.40
Si	20.26	19.77
Al	6.46	6.16
Ca	14.29	12.23
Fe	12.59	10.02

(c) 890℃

图 6.16 不同热改性温度工况所得熔渣的形貌及表面元素特征

根据工况运行中所得粗渣、细渣和飞灰碳含量以及工况统计粗渣量、细渣量可以计算燃烧过程中捕渣率 η、脱碳率 X_C 和综合灰渣碳含量 C_{HZ}，计算方法如式(6-3)～式(6-5)所示：

$$\eta = \frac{m_Z \times x_{CZ} \times A_{CZ}}{B_{XH} \times h \times A_{XH}} \times 100\% \tag{6-3}$$

$$X_C = \left(1 - \frac{m_Z \times x_{CZ} \times C_{CZ} + m_Z \times x_{XZ} \times C_{XZ} + \dfrac{B_{XH} \times h \times A_{XH} - m_Z \times x_{CZ} \times A_{CZ} - m_Z \times x_{XZ} \times A_{XZ}}{A_{FH}} C_{FH}}{B_{XH} \times h \times C_{XH}} \right) \times 100\% \tag{6-4}$$

$$C_{HZ} = \frac{C_{CZ} \times X_C}{C_{CZ} \times X_C + A_{CZ}} \times 100\% \tag{6-5}$$

式中，m_Z 为工况过程中收集到的熔渣（包括细渣和粗渣）质量，kg；x_{CZ}、x_{XZ} 分别为粗渣和细渣在熔渣中的比例，%；A_{CZ}、A_{XZ} 分别为粗渣和细渣的灰分含量；C_{CZ}、C_{XZ}、C_{FH}

分别为粗渣、细渣和飞灰的碳含量，%；B_{XH} 为气化细渣燃料的单位时间给料量，kg/h；h 为工况运行时间，h；A_{XH}、C_{XH} 分别为原料气化细渣燃料的灰分含量和碳含量，%。

图 6.17 为不同热改性温度工况所得粗渣、细渣和飞灰的碳含量，并根据工况所得粗渣和细渣重量统计结果计算所得捕渣率和脱碳率。由以上对粗渣和细渣的分析可知，在熔池结构下，激冷池内所得粗渣和细渣无明显差别，因此两者碳含量差别也较小，均低于 5%；同时，由于在熔池结构下矿物质可得到有效聚集，不同热改性温度下系统的捕渣率也比较接近。另外，在热改性温度降低时，由于飞灰颗粒中未燃尽残炭比例不断增加，飞灰碳含量也不断增加，并导致系统的脱碳率有所降低，综合灰渣碳含量有所增加。但是在熔池结构下，细渣均能有足够的燃烧反应时间，并能实现矿物质的有效聚集，因此不同热改性温度条件的脱碳率均高于 95%，综合灰渣碳含量均低于 5%（工况 1、2、3 分别为 1.24%、2.71%、4.89%）。

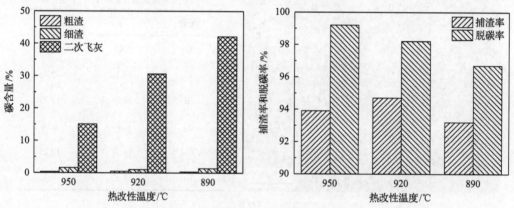

图 6.17　不同热改性工况下所得粗渣、细渣和飞灰的碳含量和燃烧指标

3. 多种气化细渣脱碳效果

在熔池结构上针对 SH 气化细渣和 HT 气化细渣的脱碳效果继续进行验证，表 6.14 为 SH 气化细渣和 HT 气化细渣工况基本信息。SH 气化细渣碳含量约 40%，HT 气化细渣碳含量约 30%，碳含量低于 DSG 气化细渣，灰分含量高于 DSG 气化细渣。这导致这两种细渣在热改性温度为 950℃的条件下，灰分需要吸收更多显热，因此改性过量氧气系数均

表 6.14　不同气化细渣工况参数

项目	SH	HT
λ_P	0.28	0.30
$\lambda_2+\lambda_3$	0.79	0.72
熔融炉氧气浓度/%	57.5	60.5
λ	1.07	1.03
改性温度/℃	960	950
燃烧脱碳段温度/℃	1511	1597
矿相重构段熔池温度/℃	1527	1575

需高于 DSG 气化细渣，且由于 HT 气化细渣灰分含量高于 SH 气化细渣，所需热改性过量氧气系数比 SH 气化细渣进一步升高。这两种气化细渣的灰熔点远高于 DSG 气化细渣，为保证熔渣的顺利排出，燃烧脱碳段和熔池的温度均需运行在 1500℃ 以上。

图 6.18 为 SH 原料细渣与改性细渣的 SEM 和 EDS 分析，图 6.19 为 HT 原料细渣与改性细渣的 SEM 和 EDS 分析。由图可见，SH 气化细渣、HT 气化细渣和 DSG 气化细渣改性结果接近，在表面为絮状形貌（a_{SH}、a_{HT}）处碳元素比例较高，为残炭外露形态；在表面为圆润光滑形貌（b_{SH}、b_{HT}）处碳元素比例较低，主要为矿物质元素，为玻璃相矿物质包裹残炭形态。经过热改性后，细渣聚团情况被消除，两种改性细渣颗粒粒径明显降

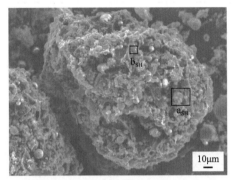

原料细渣表面元素特征		(单位：%)
元素	a_{SH}	b_{SH}
C	78.49	19.58
O	12.18	42.72
Si	3.42	23.67
Al	2.00	5.63
Ca	1.37	5.67
Fe	1.47	1.64

(a) 原料细渣

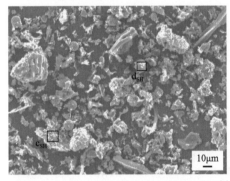

改性细渣表面元素特征		(单位：%)
元素	c_{SH}	d_{SH}
C	60.81	14.30
O	24.23	40.72
Si	6.81	22.63
Al	1.87	12.69
Ca	0.88	2.82
Fe	4.56	3.08

(b) 改性细渣

图 6.18 SH 原料细渣与改性细渣的形貌及表面元素特征

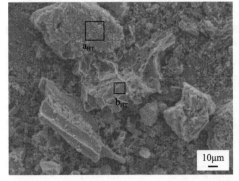

原料细渣表面元素特征		(单位：%)
元素	a_{HT}	b_{HT}
C	69.37	26.78
O	21.15	41.61
Si	3.62	10.30
Al	1.27	14.19
Ca	1.55	0.75
Fe	2.01	1.45

(a) 原料细渣

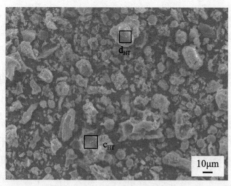

改性细渣表面元素特征　（单位：%）

元素	c_{HT}	d_{HT}
C	83.73	15.01
O	10.08	39.67
Si	2.90	28.36
Al	1.52	9.90
Ca	1.68	0.95
Fe	1.09	2.14

(b) 改性细渣

图 6.19　HT 原料细渣与改性细渣的形貌及表面元素特征

低，但残炭的存在形式未发生变换，依然为外露（c_{SH}、c_{HT}）和玻璃相矿物质包裹（d_{SH}、d_{HT}）两类。

图 6.20 和图 6.21 为 SH 工况和 HT 工况生成飞灰、粗渣和细渣的 SEM 和 EDS 分析。由图可见，两种细渣熔融燃烧生成的飞灰主要为粒径 10μm 左右表面光滑的球形，表面无碳元素（a_{SH}、a_{HT}），为熔融矿物质随烟气逐渐冷却，并在矿物质熔体表面张力作用下形成球形；同时在飞灰中仍存在少量残存碳元素，主要以轻微絮状存在（b_{SH}、b_{HT}），粒径比球形矿物质稍高。SH 工况和 HT 工况所得的研磨粗渣和细渣均为具有棱角-不规则

飞灰表面元素特征　（单位：%）

元素	a_{SH}	b_{SH}
C	0.64	13.40
O	49.49	37.66
Si	25.60	8.87
Al	9.47	5.23
Ca	2.41	16.25
Fe	3.06	6.05

(a) 飞灰

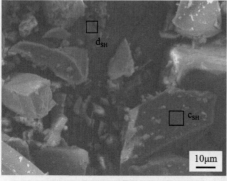

研磨粗渣表面元素特征　（单位：%）

元素	c_{SH}	d_{SH}
C	0.83	3.48
O	45.58	51.87
Si	23.57	15.50
Al	12.09	9.11
Ca	8.58	4.42
Fe	6.85	3.21

(b) 研磨粗渣

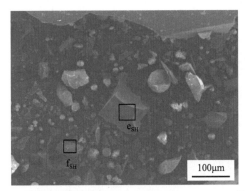

细渣表面元素特征		(单位：%)
元素	e_{SH}	f_{SH}
C	0	5.17
O	39.14	43.16
Si	12.57	22.87
Al	8.06	11.98
Ca	9.86	8.01
Fe	30.36	7.03

(c) 细渣

图 6.20　SH 工况生成飞灰、熔渣的形貌及表面元素特征

飞灰表面元素特征		(单位：%)
元素	a_{HT}	b_{HT}
C	0	4.89
O	51.98	50.08
Si	22.90	22.46
Al	13.76	13.24
Ca	1.88	2.24
Fe	5.51	3.57

(a) 飞灰

研磨粗渣表面元素特征		(单位：%)
元素	c_{HT}	d_{HT}
C	0	4.70
O	50.21	50.88
Si	23.45	21.91
Al	13.20	10.03
Ca	6.43	4.83
Fe	4.28	4.20

(b) 研磨粗渣

细渣表面元素特征　（单位：%）		
元素	e_{HT}	f_{HT}
C	0	3.62
O	50.79	48.53
Si	24.17	27.70
Al	11.14	9.49
Ca	6.28	4.37
Fe	5.36	7.18

(c) 细渣

图 6.21　HT 工况生成飞灰、熔渣的形貌及表面元素特征

形状的颗粒，大部分颗粒表面几乎无碳元素（c_{SH}、c_{HT}、e_{SH}、e_{HT}），少量颗粒表面黏附的更加细小的颗粒具有少量碳元素（d_{SH}、d_C、f_{SH}、f_{HT}）。由此可见，在熔池结构中，SH 和 HT 工况细渣性质与粗渣相同，细渣为粗渣形成过程中少量掉落形成。

图 6.22 为 SH 工况和 HT 工况所得粗渣、细渣和飞灰的碳含量，以及根据工况所得粗渣和细渣质量统计结果计算所得指标。在熔池结构下，SH 工况和 HT 工况粗渣和细渣碳含量均低于 5%，和 DSG 原料细渣工况结果一致。飞灰碳含量受原料灰分影响，HT 工况原料细渣中灰分明显高于 SH 工况原料细渣，飞灰中灰分比例会更大，使 HT 工况所得飞灰中碳含量明显低于 SH 工况。对于这两种气化细渣，在 1500℃脱碳温度及熔池结构下，捕渣率均高于 90%，脱碳率均能达到 95%以上，经计算，综合灰渣碳含量分别为 4.0%（SH 工况）和 0.7%（HT 工况），验证了工艺良好的脱碳性能。

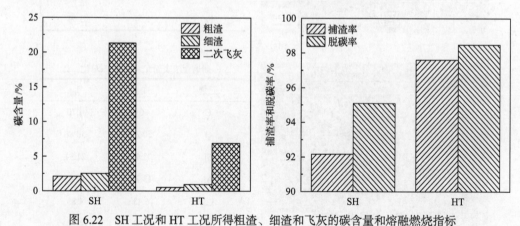

图 6.22　SH 工况和 HT 工况所得粗渣、细渣和飞灰的碳含量和熔融燃烧指标

6.4.3　燃尽特性

1. 熔融炉结构的影响

在气化细渣流化熔融燃烧工艺中，对细渣中矿物质的矿相重构可以采用熔池聚集和辐射冷却两种处理方法，分别通过熔池结构和辐射冷却结构实现。因此，继续利用 DSG

研究这两种结构对其燃尽特性的影响。

图 6.23 为矿相重构段熔池结构和辐射冷却结构的示意图，在辐射冷却结构中，燃烧脱碳段生成熔渣经滴水檐滴入辐射冷却器后被直接冷却并掉落进入激冷渣池内；在熔池结构中，燃烧脱碳段生成熔渣会滴入重构段熔池内，并在熔池内聚集，聚集至一定高度后由侧壁出口流出，燃烧脱碳段未燃尽飞灰在矿相重构段可继续燃烧并使脱碳生成的矿物质在熔池内聚集，熔池采用丙烷燃烧辅热保证矿物质处在熔融状态。

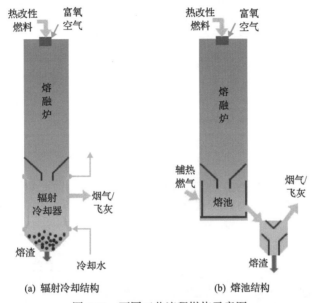

图 6.23　不同工艺流程燃烧示意图

在改性过量氧气系数均为 0.25 左右、热改性温度为 950℃ 左右、系统过量氧气系数均为 1.04 左右、燃烧脱碳段最高温度均为 1440℃ 左右的条件下对辐射冷却结构和熔池结构的细渣燃尽情况进行分析。图 6.24 为不同结构下熔融燃烧固体产物形貌及表面元素特征。由图可见，与熔池结构样品不同，辐射冷却结构飞灰中也存在主要由矿物质构成的球形颗粒(位置 a)，但是其比例大幅度减小，而絮状颗粒明显增多，同时絮状颗粒表面碳含量也比熔池结构样品大幅度增加(位置 b)；在粗渣中，辐射冷却结构和熔池结构样品形貌差别不大，但颗粒表面碳元素含量普遍有所增加；在细渣中，辐射冷却结构样品普遍为细小非表面光滑颗粒，表面碳元素含量较高(位置 j)，由矿物质构成的表面光滑的颗粒较少(位置 i)，可见辐射冷却结构的细渣性质更接近飞灰，这是由于没有熔池结构促进矿物质聚集并延长飞灰停留时间的作用后，飞灰的燃尽程度降低，并且在辐射冷却结构下直接掉入激冷池水中。由此可见，熔池结构可有效降低燃烧飞灰和熔渣中的碳含量，有利于细渣的燃尽。

图 6.25 为辐射冷却结构和熔池结构下飞灰、粗渣、细渣的碳含量以及系统的捕渣率和脱碳率。在熔池增加飞灰燃烧时间和增强矿物质聚集的作用下，熔池结构下飞灰、粗渣和细渣碳含量均明显低于辐射冷却结构。由以上对两种结构下粗渣和细渣形貌及表面元素的分析可知，辐射冷却结构细渣和飞灰性质接近，熔池结构细渣和粗渣性质接近，因此经碳含量分析，辐射冷却结构细渣和飞灰碳含量均在 30% 左右，熔池结构细渣和粗

渣碳含量均低于 5%。粗渣需矿物质充分聚集形成，因此熔池结构和辐射冷却结构粗渣碳含量总体低于 5%，但在增强矿物质聚集作用的表现上熔池结构更出色，熔池结构粗渣碳含量更低。在以上作用下，熔池结构的捕渣率和脱碳率均明显高于辐射冷却结构。

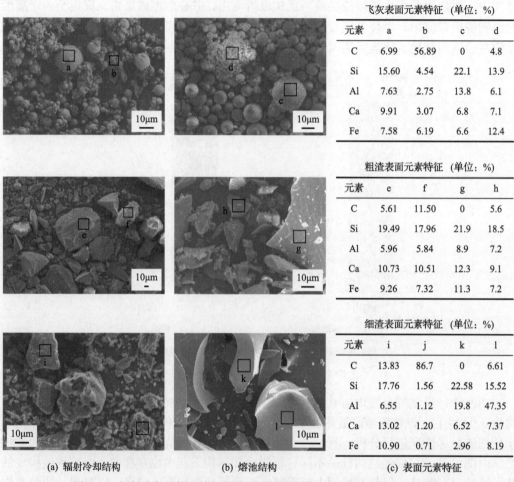

飞灰表面元素特征（单位：%）

元素	a	b	c	d
C	6.99	56.89	0	4.8
Si	15.60	4.54	22.1	13.9
Al	7.63	2.75	13.8	6.1
Ca	9.91	3.07	6.8	7.1
Fe	7.58	6.19	6.6	12.4

粗渣表面元素特征（单位：%）

元素	e	f	g	h
C	5.61	11.50	0	5.6
Si	19.49	17.96	21.9	18.5
Al	5.96	5.84	8.9	7.2
Ca	10.73	10.51	12.3	9.1
Fe	9.26	7.32	11.3	7.2

细渣表面元素特征（单位：%）

元素	i	j	k	l
C	13.83	86.7	0	6.61
Si	17.76	1.56	22.58	15.52
Al	6.55	1.12	19.8	47.35
Ca	13.02	1.20	6.52	7.37
Fe	10.90	0.71	2.96	8.19

(a) 辐射冷却结构　　　　(b) 熔池结构　　　　(c) 表面元素特征

图 6.24　辐射冷却结构和熔池结构熔融燃烧固体产物形貌及表面元素特征

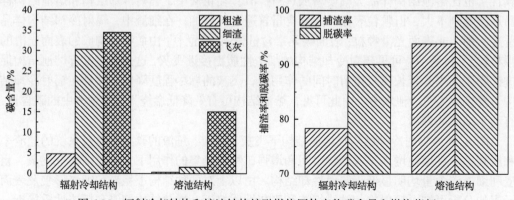

图 6.25　辐射冷却结构和熔池结构熔融燃烧固体产物碳含量和燃烧指标

2. 过量氧气系数的影响

在矿相重构段渣辐射冷却结构下，通过降低熔融炉二次风和三次风，使系统过量氧气系数由 1.02 降低至 0.83，不同系统过量氧气系数工况运行参数如表 6.15 所示，不同工况燃烧脱碳段最高温度均为 1480℃左右。

表 6.15　不同系统过量氧气系数工况运行参数

项目	工况 1	工况 2	工况 3
λ_P	0.29	0.29	0.28
热改性氧气浓度/%	21.0	21.0	21.0
λ_2	0.53	0.41	0.38
λ_3	0.19	0.21	0.17
熔融炉氧气浓度/%	60.5	61.5	63.4
λ	1.02	0.91	0.83
热改性温度/℃	907	913	905
燃烧脱碳段温度/℃	1472	1501	1492

图 6.26 为不同过量氧气系数工况所得的粗渣、细渣和飞灰样品。由图可见，系统过量氧气系数降低时飞灰形态变化较大，当熔融炉为还原条件时（$\lambda<1$），在图 6.26(g)和(m)中可以看到大颗粒物质明显增加，而当熔融炉为氧化条件时（$\lambda>1$），图 6.26(a)中的颗粒普遍较小。这是由于过量氧气系数的降低使熔融炉从氧化性气氛变为还原性气氛，脱碳过程中燃烧反应比例降低，气化反应比例增加；气化反应速率明显低于燃烧反应，导致细渣在进入冷却段之前脱碳未进行完全，飞灰中颗粒含碳元素的结构没有断裂和破碎，因此较大颗粒普遍具有残炭的多孔性质，并且局部具有矿物质熔融后冷却形成的光滑表面；进一步提高放大倍数显示，不同过量氧气系数工况下飞灰中均有球状颗粒，这是由于矿物质组分在脱碳过程中聚集，并在表面张力的作用下形成，但当过量氧气系数降低后，脱碳程度降低并导致矿物质聚集程度降低，球形颗粒比例减少（图 6.26(b)、(h)、(n)）。对于粗渣样品，不同过量氧气系数条件下形貌没有明显变化（图 6.26(c)、(i)、(o)），放大后粗渣都具有致密结构（图 6.26(d)、(j)、(p)）。图中颗粒大小的不一致主要是由于 SEM中颗粒大小的限制，粗渣被打破，导致颗粒大小不均匀。对于细渣样品，由前文分析可知，辐射冷却结构下细渣样品性质接近飞灰，因此细渣颗粒也具有残炭多孔结构，并且随着过量氧气系数的降低后脱碳程度降低，大颗粒孔隙结构明显增加，致密结构颗粒明显减少或消失，无机矿物成分形成的球形颗粒减少，被孔隙结构发达的大颗粒取代。

图 6.27 为不同系统过量氧气系数下固体产物碳含量和系统脱碳指标。随着系统过量氧气系数的降低，粗渣碳含量基本不变，但细渣和飞灰碳含量不断增加。粗渣需矿物质聚集熔融形成，在碳含量较高时无法形成聚集熔融状态，因此粗渣的形成必然伴随较低的碳含量。但在系统过量氧气系数由 1.02 降低至 0.83 时，熔渣中粗渣比例由 76%降低至

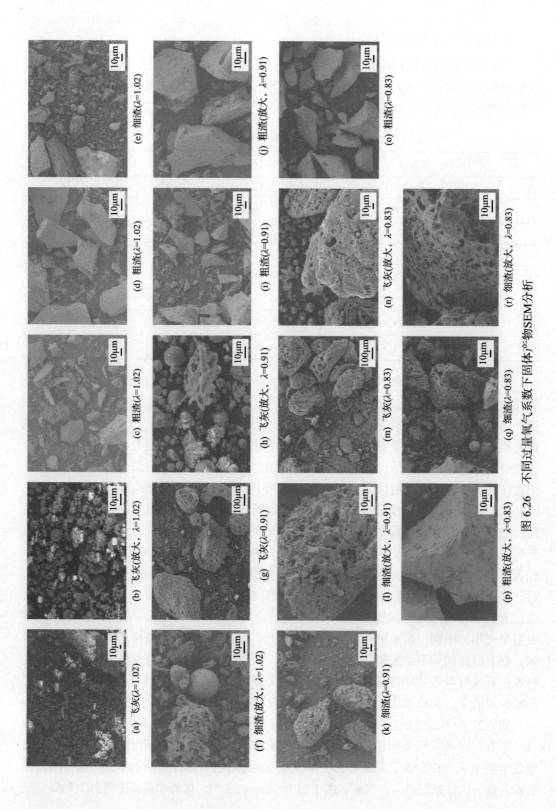

图 6.26 不同过量氧气系数下固体产物SEM分析

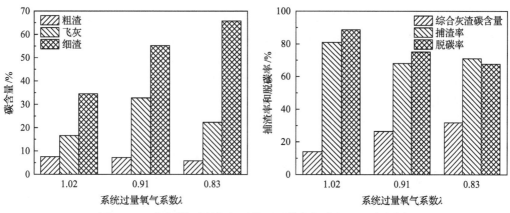

图 6.27　不同系统过量氧气系数下固体产物碳含量和脱碳指标

49%，可见在燃烧反应减弱导致脱碳程度降低时，虽然粗渣碳含量变化不大，其形成所需的聚集熔融矿物质总量大幅度减少。另外，在系统过量氧气系数降低时，飞灰碳含量先增加后减少。这是燃烧反应减弱后脱碳程度降低导致的；而在辐射冷却结构下细渣的主要来源是飞灰掉入激冷池内，因此细渣碳含量变化与飞灰总体一致，在系统过量氧气系数降低时不断增加。主要由于粗渣比例的明显降低，系统捕渣率随着过量氧气系数的降低呈减小趋势，同时由于飞灰和细渣碳含量的增加，系统的综合灰渣碳含量不断增加，脱碳率不断降低。

3. 氧气浓度的影响

在矿相重构段熔池结构下，研究了熔融炉三次风氧气浓度由 81.11% 降低至 45.52% 时的影响，工况参数如表 6.16 所示。研究中保持改性过量氧气系数 λ_P 为 0.25±0.01，热改性氧气浓度为 21%，系统过量氧气系数 λ 约为 1.05，热改性和燃烧脱碳段温度分别约为 940℃和 1440℃，熔池通过丙烷燃烧器并维持矿相重构段温度为 1380℃左右。

表 6.16　不同熔融炉燃烧脱碳段氧气浓度工况运行参数

项目	工况 1	工况 2	工况 3
λ_P	0.24	0.25	0.25
热改性氧气浓度/%	21.0	21.0	21.0
λ_2	0.57	0.57	0.59
二次风氧气浓度/%	83.47	57.68	39.23
λ_3	0.24	0.23	0.22
三次风氧气浓度/%	81.11	62.38	45.52
熔融炉氧气浓度/%	50.1	41.6	33.7
λ	1.04	1.05	1.06
热改性温度/℃	937	943	944
燃烧脱碳段温度/℃	1443	1448	1418
矿相重构段温度/℃	1377	1400	1375

图 6.28 为不同熔融炉氧气浓度条件下飞灰和熔渣的碳含量，以及系统的捕渣率与脱碳率。由图可见，不同氧气浓度条件下熔渣碳含量均在 1% 左右，飞灰碳含量稍有不同，但均在 20%左右。经过对熔渣和飞灰的统计和计算后，不同熔融炉氧气浓度条件下系统的捕渣率和脱碳率也没有明显差别，捕渣率和脱碳率均高于90%。由此可见，在 1400℃熔融燃烧温度和熔池结构下，熔融氧气浓度对气化细渣的脱碳过程影响不大，结合以上研究和分析，气化细渣的脱碳效率更加与燃烧温度相关。

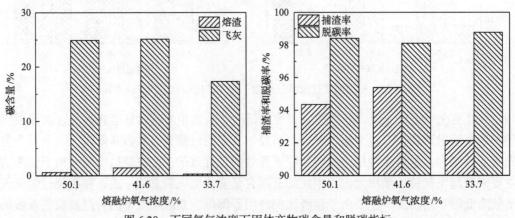

图 6.28　不同氧气浓度下固体产物碳含量和脱碳指标

6.4.4　熔渣特性

流化熔融燃烧工艺中熔渣是气化细渣脱碳后生成的主要固体产物，气化细渣中矿物质主要转化至熔渣中，因此熔渣具备材料化利用的潜力。下面对流化熔融燃烧工艺中矿相重构段熔池结构和辐射冷却结构生成熔渣的特性进行了研究。

1. 熔池结构

熔池结构气化细渣中大部分灰分被聚集在熔池中，经较长高温停留时间和充分的熔融后进入激冷池形成熔渣。根据熔渣的宏观形貌，将其进行分类，结果如图 6.29 所示。含量最多的熔渣其形貌如图 6.29(e)所示，其为表面附着乳白色颗粒及少量孔隙的不规则块状结构；其余的少量熔渣形貌各异。如图 6.29(a)~(d)所示的熔渣表面黝黑光滑且致密，呈丝状、片状、球状和块状。图 6.29(f)所示的熔渣表面颜色不一致，崎岖不平，有少量孔隙，且硬度小于其他形态的熔渣。

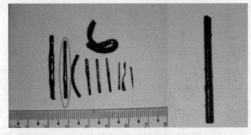

(a) 丝状

(b) 片状

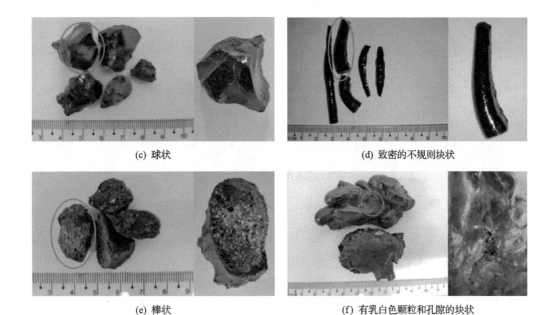

(c) 球状　　　　　　　　　　　　　(d) 致密的不规则块状

(e) 棒状　　　　　　　　　　　　(f) 有乳白色颗粒和孔隙的块状

图 6.29　熔池结构下熔渣主要存在形态

　　利用 SEM 对各形态熔渣的微观形貌进行观察，结果如图 6.30 所示。图 6.30(a)～(d) 中四种形态的熔渣主要为表面附着细小颗粒的致密光滑块状，且形态差异不大；而 图 6.30(e) 和(f) 中的熔渣除致密光滑的块状之外，还有沟壑不平的较大颗粒。

(a)　　　　　　　　　　　　　　　(b)

(c)　　　　　　　　　　　　　　　(d)

图 6.30　熔池结构下熔渣主要存在形态 SEM 分析

　　各形貌熔渣的成分及矿物质晶相组成分析结果如表 6.17 和图 6.31 所示。图 6.30(e) 的熔渣中 SiO_2 含量最大，为 75.11%，而 Al_2O_3 的含量最小为 4.52%，主要物相为方石英。这是由于 SiO_2 熔点高于 1700℃，在熔池中不能完全熔融，未熔的 SiO_2 在高温环境下发生结构的转变生成了方石英，方石英在冷却过程中生成了乳白色的低温方石英。图 6.30(a)～(d) 四种形貌的熔渣化学成分略有差异，但在 XRD 谱图中 22°～38° 的范围都存在代表非晶相的驼峰，表明其均具有一定比例的玻璃相。这四种熔渣晶相峰的位置和强度有所不同，图 6.31(a) 中的主晶相为石英，图 6.31(b) 中的晶相为磁铁矿，图 6.31(c) 中的晶相为磁铁矿和钙长石，图 6.31(d) 中的晶相为方石英、钙长石和石英。熔体生成玻璃相的能力主要取决于其黏度和冷却速率，大的黏度会抑制分子的运动进而抑制析晶，大的冷却速率从时间尺度上控制分子运动进而抑制析晶。熔体的黏度主要与其化学成分及熔体在熔池所在区域的温度相关。而在相同的外界冷却条件下，不同形貌熔渣间冷却速率的差异与熔体进入激冷池时的比表面积相关，忽略导热系数的差异，比表面积越大，冷却速率越

表 6.17　图 6.31 中各形貌熔渣矿物质成分

组分	图 6.31(a)	图 6.31(b)	图 6.31(c)	图 6.31(d)	图 6.31(e)	图 6.31(f)
SiO_2 含量/%	52.82	46.3	52.69	57.39	75.11	40.53
CaO 含量/%	19.07	20.29	19.38	17.57	11.62	21.21
Fe_2O_3 含量/%	12.95	14.63	12.35	11.19	6.41	15.97
Al_2O_3 含量/%	10.64	13.63	10.9	9.6	4.52	17.4
MgO 含量/%	1.59	2	1.6	1.48	0.5	2.12
Cr_2O_3 含量/%	1.29	0.8	1.38	1.27	0.76	0.29
TiO_2 含量/%	0.71	0.98	0.71	0.58	0.38	1.28
Na_2O 含量/%	0.59	0.78	0.61	0.57	0.47	0.73
K_2O 含量/%	0.34	0.59	0.38	0.34	0.24	0.47
硅铝质量比	4.96	3.40	4.83	5.98	16.62	2.33
玻璃相含量/%	94.59	85.24	76.68	73.06	—	—

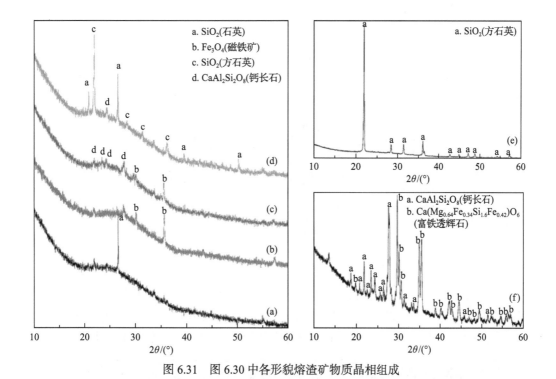

图 6.31　图 6.30 中各形貌熔渣矿物质晶相组成

大。而对于该系统，黏度的大小影响熔体进入的量进而影响熔体的比表面积，黏度越大比表面积越大，对熔体析晶的抑制效果更好，生成的玻璃相含量越多。按照《用于水泥、砂浆和混凝土中的粒化高炉矿渣粉》(GB/T 18046—2017)对图 6.31 左图中四种形貌的熔渣的玻璃相含量进行计算，结果如表 6.17 所示：图 6.31(a)＞图 6.31(b)＞图 6.31(c)＞图 6.31(d)＝73.06%，四种形态的熔渣都有效地抑制了晶相的析出，获得了较多的玻璃相含量，并且可以推测黏度从大到小依次为图 6.31(a)＞图 6.31(b)＞图 6.31(c)＞图 6.31(d)。图 6.31(f)形态熔渣 SiO_2 含量最少(40.53%)，Al_2O_3、Fe_2O_3 和 CaO 含量最大，晶相主要为钙长石和富铁透辉石。由于 Fe_2O_3 和 CaO 均可降低矿物质的熔融特征温度，可以推测图 6.31(f)类熔渣黏度最小、熔体的流动性最好，当大量的熔体进入激冷池时会结成大块而不能迅速冷却，使得晶体大量析出，故在其 XRD 谱图中 22°～38°的范围观察不到玻璃相驼峰。由此可见，在激冷条件下，熔渣生成形态可能由其形成过程中黏度特性决定。

　　根据以上分析可知，虽然图 6.31(a)～(d)四种形貌的熔渣获得了较高的玻璃相含量，但是其总质量占熔渣生成总量的比例很小；而图 6.31(e)形貌熔渣占比最大，但是其玻璃相含量并不理想，故总体来说整个系统对于气流床气化细渣中矿物质的活化程度不够。对比检测结果发现，各形态熔渣的化学成分差异很大，且 SiO_2 与 Al_2O_3 的含量之和过大或过小都不利于玻璃相的生成，过大会影响矿物质的熔融，即不能生成玻璃相的前驱体——熔体；而含量过小使得熔体的黏度太小、冷却过程缓慢，冷却过程中的分子运动不能充分抑制而发生析晶。由此可见，目前工艺流程下熔池内熔融矿物质性质仍有不均匀的现象，导致不同熔体及形成熔渣的化学成分存在差异。

2. 辐射冷却结构

辐射换热器结构下，生成的熔渣可以主要分为细渣(FS)和粗渣(CS)两种形态，如图 6.32 所示。细渣是银色、黑色、褐色等形状不规则的细小颗粒，而粗渣与熔池结构下图 6.29(e)的熔渣形貌相似，为带有乳白色颗粒和微量小孔的较大块状。

(a) 细渣   (b) 粗渣

图 6.32　辐射冷却结构下熔渣主要存在形态

两种熔渣的 SEM 检测结果如图 6.33 所示，细渣大致可以分为两种形态：表面附有细小颗粒的致密小块状，以及表面致密且有空隙的小块状和表面松散不平整的较大块状；粗渣主要为致密的块状，以及少量的光滑球形颗粒和带有空隙的不平整小块状。

(a) 细渣   (b) 粗渣

图 6.33　辐射冷却结构下熔渣主要存在形态的 SEM 分析

熔渣中灰分的矿物质成分和晶相组成如表 6.18 和图 6.34 所示。由表 6.18 可见，粗渣和细渣中 SiO_2 含量和 Al_2O_3 含量之和均约为 57%，而细渣的 CaO 含量和 Fe_2O_3 含量之和小于粗渣，且细渣中 SO_3 含量为 4.12%。由图 6.34 可知，矿物质主要晶相均为石英，且细渣的衍射峰强度大于粗渣。根据图中细渣和粗渣的碳含量分析可知，细渣中残炭的含量大于粗渣。有研究表明，残炭会增大灰分的熔融特征温度，而适量的 CaO 和 Fe_2O_3 能够一定程度降低灰分的熔融特征温度，所以形成粗渣的熔融特征温度小于细渣。与熔池结构相比，辐射冷却结构中矿物质缺少熔融后聚集的过程，可能导致熔渣中存在部分未达到熔融状态的矿物质，虽然从化学成分的角度分析粗渣可以完全熔融，但是物相分析表明，粗渣中主要为石英晶相，故推测粗渣中其他易熔的化合物熔融之后包裹了未熔的 SiO_2，所以虽然粗渣与熔池结构下图 6.29(e)形态熔渣形貌相似，但是生成路径不尽相同。而细渣中因为有大量残炭的存在严重影响了其熔融特性，在温度和时间的双重限制下熔融的矿物质远远少于粗渣，所以生成大量的细小颗粒。对比熔池结构和辐射冷却结构下生成的熔渣，前者的熔渣活性和系统的脱碳效率明显优于后者。这是由于在辐射冷却结构下，细渣高温区的停留时间不仅影响了矿物质的熔融，还影响了气化细渣的脱碳过程，即影响了碳与矿物质的分离。从脱碳能力和对于熔渣高值化利用的贡献分析，带有熔池结构的高温燃烧熔融系统是更好的选择。

表 6.18　各形貌熔渣矿物质成分

样品	SiO_2 含量/%	CaO 含量/%	Fe_2O_3 含量/%	Al_2O_3 含量/%	MgO 含量/%	Cr_2O_3 含量/%	TiO_2 含量/%	Na_2O 含量/%	K_2O 含量/%	SO_3 含量/%	硅铝质量比
细渣	48.11	18.65	15.64	9.36	1.69	0.43	0.96	0.6	0.42	4.12	5.14
粗渣	47.52	20.18	17.35	9.72	1.93	0.68	1.08	0.63	0.41	0.51	4.89

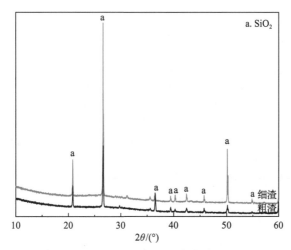

图 6.34　各形貌熔渣矿物质成分和晶相组成

6.5　小　结

本章主要介绍了气流床气化细渣的燃烧特性和熔融特性的研究成果，在此基础上，重点介绍气化细渣熔融资源化利用技术的小试研究成果，主要结论如下。

（1）气化细渣着火温度较高，燃尽特性差，在温度 1200℃以下无法实现高效燃烧脱碳，需要进一步提高燃烧温度，而且提高氧气浓度有利于气化细渣的脱碳。

（2）三种细渣的熔融机理均为熔融-溶解，HT 气化细渣、SH 气化细渣、DSG 气化细渣的流动温度分别为 1258℃、1320℃和 1238℃，熔融过程中形成的主晶相为长石，熔融得到的熔渣均为玻璃相，黏度的增加与固相析出量没有直接关系。

（3）流化熔融燃烧工艺首先将气化细渣中外露石墨化残炭通过热改性减少颗粒聚团和粒径、增加比表面积和活性碳结构比例，从而提高燃烧反应速率；接着利用改性外露残炭快速燃烧释放热量使玻璃相包裹残炭的矿物质外壳熔融并燃烧,从而实现对气化细渣中外露石墨化残炭和玻璃相包裹残炭的燃烧脱除。气化细渣在矿相重构段熔池结构脱碳生成飞灰和熔渣均以矿物质为主要组成,飞灰由于冷却速率较缓外形为球形,熔渣由于激冷外形为具有棱角的不规则形状。该工艺可以实现对多种气化细渣较好的脱碳效果,脱碳后综合灰渣碳含量均低于 5%。

参 考 文 献

[1] 王辅臣. 大规模高效气流床煤气化技术基础研究进展[J]. 中国基础科学, 2008(3): 6-15.

[2] Acosta A, Iglesiasa I, Ainetoa M, et al. Utilisation of IGCC slag and clay steriles in soft mud bricks (by pressing) for use in building bricks manufacturing[J]. Waste Management, 2002, 22(8): 887-891.

[3] Li Z Z, Zhang Y Y, Zhao H Y, et al. Structure characteristics and composition of hydration products of coal gasification slag mixed cement and lime[J]. Construction and Building Materials, 2019, 213: 265-274.

[4] Ishikawa Y. Utilization of coal gasification slag collected from IGCC as fine aggregate for concrete[C]//Proceedings of the EUROCOALASH 2012 Conference, Thessaloniki, 2012.

[5] Iglesias Martín I, Acosta Echeverría A, García-Romero E. Recycling of residual IGCC slags and their benefits as degreasers in ceramics[J]. Journal of Environment Management, 2013, 129: 1-8.

[6] 李启辉. 煤气化滤饼资源化利用工艺设计[J]. 中国资源综合利用, 2019, 37(8): 73-75.

[7] 徐会超, 袁本旺, 冯俊红. 煤化工气化炉渣综合利用的现状与发展趋势[J]. 化工管理, 2017, (18): 35-36.

[8] 刘奥灏, 张磊, 张贺, 等. 燃煤锅炉掺烧气化灰渣试验研究[J]. 热力发电, 2020, 49(4): 19-24.

[9] 白振波, 李彦坤, 王翠. 气化炉细灰综合利用改造[J]. 化肥设计, 2017, 55(1): 59-62.

[10] 张建良, 王广伟, 邢相栋, 等. 煤粉富氧燃烧特性及动力学分析[J]. 钢铁研究学报, 2013, 25(4): 9-14.

[11] 肖三霞. 煤的热天平燃烧反应动力学特性的研究[D]. 武汉: 华中科技大学, 2004.

[12] 陈建原, 孙学信. 煤的挥发分释放特性指数及燃烧特性指数的确定[J]. 动力工程学报, 1987, (5): 15-20.

[13] Shi W J, Bai J, Kong L X, et al. An overview of the coal ash transition process from solid to slag[J]. Fuel, 2021, 287: 119537.

[14] Yan T G, Kong L X, Bai J, et al. Thermomechanical analysis of coal ash fusion behavior[J]. Chemical Engineering Science, 2016, 147: 74-82.

[15] Pang C H, Hewakandamby B, Wu T, et al. An automated ash fusion test for characterisation of the behaviour of ashes from biomass and coal at elevated temperatures[J]. Fuel, 2013, 103: 454-466.

[16] Luo Y, Ma S H, Zheng S L, et al. Mullite-based ceramic tiles produced solely from high-alumina fly ash: Preparation and sintering mechanism[J]. Journal of Alloys and Compounds, 2018, 732: 828-837.

[17] Sasi T, Mighani M, Öers E, et al. Prediction of ash fusion behavior from coal ash composition for entrained-flow gasification[J]. Fuel Processing Technology, 2018, 176: 64-75.

[18] Kong L X, Bai J, Li W, et al. The internal and external factor on coal ash slag viscosity at high temperatures, part 1: Effect of cooling rate on slag viscosity, measured continuously[J]. Fuel, 2015, 158: 968-975.

[19] Lin X C, Ideta K, Miyawaki J, et al. Correlation between Fluidity properties and local structures of three typical asian coal ashes[J]. Energy & Fuels, 2012, 26(4): 2136-2144.

[20] Kong L X, Bai J, Li W, et al. The internal and external factor on coal ash slag viscosity at high temperatures, part 3: Effect of CaO on the pattern of viscosity-temperature curves of slag[J]. Fuel, 2016, 179: 10-16.

[21] Yuan H Y, Liang Q F, Gong X. Crystallization of coal ash slags at high temperatures and effects on the viscosity[J]. Energy & Fuels, 2012, 26(6): 3717-3722.

[22] Kong L X, Bai J, Bai Z Q, et al. Effects of $CaCO_3$ on slag flow properties at high temperatures[J]. Fuel, 2013, 109: 76-85.